クルマ買取り
ハッピーカーズ®物語

未来という
波に乗るために、
今やるべき
ひとつの考え方

株式会社ハッピーカーズ代表取締役
新佛千治

はじめに

この本が、果たして世の中の誰かの役に立つかどうかは、正直なところ、甚だ疑問ですが、人生において予想しうるおおよその出来事やトラブルというものは、ほぼすべての事象が、細かいディテールに違いはあっても、歴史の中で人生の先輩たちがすでに体験した過去事例のひとつに当てはまると考えています。

第二次ベビーブームに量産されたひとりとして、何のとりえもなく、実に大したことのない普通の男が、サラリーマンをやったり、転職したり、フリーランスになったり、会社を立ち上げたり、アフリカに会社をつくったり、お金がなくなったり、フランチャイズ本部をつくったり、介護問題や家族の死にぶち当たったりしながら、**さまざまな出来事やトラブルに直面しても、とにかく前を向くことで乗り越えられるということ**を、自らの歴史を振り返ることで表現してみました。

申し遅れましたが、僕はクルマ買取りハッピーカーズ®という会社の代表をしている新佛千治と申します。

気がつけば、出張型の中古車買取りチェーンとしては日本でも最大級の加盟店数に成長していました。

マンションの一室で、店舗なし、お金なし、経験なしの中、ひとりで見様見真似ではじめたビジネスですが、**おかげさまで5年目にして、全国で100店に届きそうな勢いです。**

そろそろ六本木ヒルズあたりに本社を移転されてはどうですかと言われることもありますが、鎌倉の、海の見える本社オフィスが気に入っています。

六本木では「波が上がったので休憩がてら、ちょっとサーフィン」というわけにはいきませんよね。

そのようなわけで、今朝は目の前の海に最高の波が立ち、くたくたになるまでサーフィンできたので、素晴らしく気持ちの良い朝を迎えられました。

朝食後にこの原稿を書き終えたら、ひとりで歩いてクルマの引取りに行く予定になっています。

「社長、まだ現場でクルマの買取りをやってるんですか？」と驚かれることもありますが、毎月何台かは自分でクルマの買取りを相変わらずやっています。

基本的に近所を歩いていて声をかけられたり、海で相談されたりと、今では、ほぼ知り合いからの依頼になりますが、それがこのビジネスのおもしろいところにもなっています。

〝目先の儲けに一喜一憂しないで、無理せず地道にコツコツ地元で継続していくこと〟。

このことに気がついたおかげで、大好きなサーフィンに打ち込む時間が圧倒的に増えました。**身をもって、「ビジネスの成功は、お金を儲けることだけではない！」ということを実感しています。**

「この本を読めば誰でも簡単に、今すぐ大儲けできる！」というような内容でなくて申しわけありませんが、これから少しでも人生をより良くしていきたいという皆様にとって、事例のひとつとして参考になれば幸いです。

クルマ買取りハッピーカーズ®物語　目次

第1章 熱狂できることを探せ

第2章

大失敗から学んだ、逆転の発想

～ハッピーカーズ®の誕生秘話

第3章 ビジネス成功の原点は〝何もしないこと〟

第4章 経営はサーフィンが原点

第5章 仕事とは、生き方の表現である

第1章

熱狂できることを探せ

生きることを実感させるものに飛びつく

僕が最初に就職したのは、ある住宅向けの内装建材メーカーでした。与えられた仕事は営業職で、主に階段をやドア、フローリングを売る仕事。毎日ひたすらに現場に行って大工さんに会い、メジャー片手に採寸します。

案外、慣れてくると現場に行くことは楽しいのですが、そうはいっても毎日、採寸だけしていればいいわけではないので、月末はノルマの数字に追われる日々でした。朝7時に家を出て、帰宅は連日深夜。

この仕事を続けても、単なる日々の生活のために最低限必要なサラリーを獲得していくだけの人生になってしまうんじゃないか？

次のキャリアにジャンプアップができるような経験や実績、人脈が手に入らないのなら、ここでの営業の仕事は貴重な人生の時間を浪費しているだけではないか？

会社にこき使われるだけじゃ、僕はいつまでも決して幸せとはいえないサイクルから抜け出せない。

だったら、自分で商売をはじめよう。

ノウハウも、知識も、経験も、何にもないただの20代でしたが、僕は漠然とそんなことを思いはじめていました。

そのとき、僕の心にずっと引っかかっていたのが、ウィンドサーフィンです。社会人になっても趣味で続けていたのですが、休みになるたび海に繰り出すほど、ウィンドサーフィンは僕の生活に深く根づいた存在でした。

だから、自分のキャリアについて考えるうちに「ウィンドサーフィンをもっと極めたい。そのために、もっと集中的に練習してデカい波に乗りたい」という思いが湧いてきたのは必然だったのでしょう。

もちろん、風や波といった自然のコンディションに左右されるため、集中して練習をするためには、仕事を辞めるしかありません。

そうはいっても、生活するためには働かなければならない。

でも、ウィンドサーフィンも極めたい。

たぶん、このように思った背景には、職場環境が今ひとつ納得いくものでなく、働いている実感も、頑張ったという手応えもあまりなかったということがあるのでしょう。

僕の中で、「生きていることを実感したい！」という考えが募っていたのだろうと思います。

当時の僕にとって、手っ取り早く「生きていることや達成感を実感できること」がウィンドサーフィンだったわけです。

常に「今」の優先順位について考える

「生きていることを実感できる」とはいえ、単なる趣味に過ぎなかったウィンドサーフィンのために会社を辞めることには、多少なりとも抵抗がありました。

しかし同時に、このまま会社員として働き続けることに大きな疑問と失望を抱きはじめていたことも事実です。

「この先ずっと、60歳になるまで上司に頭を下げ続けなければいけないのか?」「毎朝堅苦しいネクタイを締めて、満員電車に揉まれなければいけないのか?」

当時の僕は20代前半の新卒でしたが、仕事もサーフィンも、そして何より人生が中途半端になってしまうことが怖くて仕方がありませんでした。

それに何よりも嫌だったのは、毎日上司や仕事の愚痴ばかり言って、それでもアクションを起こさない大人になること。少々生意気にも聞こえますが、自分で選んだ道なのに愚痴ばかり言うなんて、当時の僕にはさっぱり理解ができませんでした。

そこで、一度きちんと気持ちを整理するため、**自分にとっての優先順位を見つめ直すことにしました。**その結果、「今」僕がすべきは以下の3つだと確信したのです。

1・今の会社で全国トップクラスの営業成績を達成し、速やかに会社を辞める
2・ハワイに長期滞在して、できるだけ短期間でウィンドサーフィンを極める
3・1と2をやり切ったらけじめをつけて、人生すべてを捧げられる仕事を探す

当時の僕はただの若造でしたが、この決断に迷いはありませんでした。

さらに驚いたのは、優先順位が明確になったことで、それまでモヤモヤしていた心のわだかまりが途端に消えたこと。昨日までは将来が不安でたまらなかったのに、突然目の前が明るくなったことを今でも鮮明に覚えています。

また不思議なことに、やりたいことも次々と浮かぶようになりました。 というより、それまでは仕事や忙しさを言い訳に、夢や希望をもつことすら諦めていたのでしょう。心の声に耳を傾けることの大切さを、改めて実感させられました。

「これが最後のチャンスだ」。そう自分を奮い立たせると同時に、こんなにも大胆でエキサイティングな決断を下したことが、誇らしくてたまりませんでした。

次の目標、ハワイへ！

ついに目標だった全国トップクラスの営業成績を達成した僕は会社を辞め、その翌週ハワイへ飛び立ちました。

4月からハワイに行って波に慣れておけば、例年10月にやって来る、冬を告げる最初の大波、ファーストスウェルに間に合うのではと思ったのです。

サーファーにとって10月のハワイといえば、ノースショアに待望の大波がやってくる時期のはじまりになります。

特に10月から3月にかけては、世界中からプロが集まり、オアフ島のノースショアやマウイ島などあちこちで大会が開催されるほど、波が大きくなるシーズンなのです。

僕がハワイ行きを急いだ理由も、もちろんこの大波にありました。

別に、プロを目指していたわけではありませんし、大会に出ようと思ったわけでもありません。

「4月から練習して10月に大きな波に乗ろう」。

そして、もう二度とウィンドサーフィンなんかやりたくないというまで、限界までやり切ろう。これが最大の目的でした。

ハワイでの生活は、僕にとって貴重な経験であり、大きな転機になりました。

何といっても、海しかないという開放感！　そして、来る日も来る日も飽きるまでウィンドサーフィンを楽しんで、夕方にはビールを飲んで寝るだけという贅沢さ。逆にいえばやることはウィンドサーフィンしかないので、余計なことを考えず波と向き合い、**自分を見つめ直すことに集中して毎日を過ごすことができました。**

一生分、やりきってやろう。

くたくたになりながら、寝る前にカレンダーを眺めるたびに、生きていることを実感しました。

海で出会う人たちの中に、デザイナーという職種の人がいました。

デザイナーと聞いても、当時の僕にはまったく縁もゆかりもない職業だったので、正直、彼らがどのような仕事をして、どのように稼いでいるのか、具体的に理解することはできませんでした。

ただ、「デザイナーになれば結構、儲かるらしい。時間に融通がきくから、好きなときに波に乗ることもできるらしいぞ」というイメージだけが出来上がりました。

風貌も性格も、自由でちょっと変わった人たちが多かったためか、何を勘違いしたのか「僕もデザイナーになれるんじゃないか」と、次第に思い込むようになりました。何か商売をはじめるにしても、お金もない僕が商材を仕入れるのは到底無理。でもデザインなら自分の頭からいくらでも〝仕入れなし〟に生み出せる。若さとは本当に無敵です。

そして10月20日。ハワイの風がひんやりしてくる頃、マウイ島のノースショアに、待望のファーストスウェルがやって来ました。

壁のような大波が打ち寄せる中、ひよひよと沖へ出ていき、暗いうねりの谷間から、一気に波に持ち上げられたところでタイミングを合わせてテイクオフ。

一瞬のことでしたが、そこにはそれまでに見たことのなかった世界が広がっていました。

結局、その日乗った波はその1本だけ。

たった1本でしたが「心底やり尽くした。ウィンドサーフィンをやめよう」と感じるには十分すぎるほどのインパクトだったのです。

おもしろいことに、帰国してからウィンドサーフィンをしたのはほんの数回だけでした。どうやって道具を処分したのかすら、今では覚えていないほどです。

それどころか、帰国したときの記憶もほとんどないくらい、それほど１９９６年のファーストウェルに乗ったときのインパクトは、僕自身にとって、相当大きなものだったのです。

帰国し、デザイナーへ転身

ハワイから帰国した翌年の１９９７年、僕はデザイナーを目指して再び東京へ戻りました。広告の専門学校に入学し、広告づくりのイロハを習得するためです。

上京資金として当時の愛車だったランドクルーザーを売却し、さらに母から１００万円を借りました。


何としてでもデザイナーになってやろう。

ハワイの海で出会ったデザイナーに憧れて1年、26才の僕は〝背水の陣〟の覚悟で挑みました。

こうして、デザイン学校とアルバイトの生活がはじまりました。

自宅である築50年という安アパートの目の前に新しくできた弁当屋で、キャノピーという配達用の3輪バイクに弁当を5段くらい積んで配達しながら、学校に通ってデザインを勉強する日々です。時給は1000円。交通費も通勤時間もかからず賄いつきなんて、こんなに良い条件はありません。

配達で時々、西池袋の風俗街へ行くこともありました。チャイムを鳴らすと、色っぽいお姉さんが現れてドキドキすることもあり、それはそれで楽しいバイトでした。

バイト仲間たちは10代から40代までさまざま。

アーティスト、バンドマン、バイカー、デザイナー志望、みんな時給はたった1000円だったけど、**夢と希望だけは無駄に溢れていました。**

今考えてみれば、ちゃんと美術大学に通ったり、10代の頃から専門学校で真面目に勉強した人と、僕のように、デザインの基礎もないのに途中から専門学校に紛れ込んだ人とでは、スキルに雲泥の差があるのは当然のこと。

デザイナー以前の問題として、自分のスキルが圧倒的に足りないことに、もしかしたらもっと早く気づくべきだったかも知れません。

でも、当時はそんなこと、お構いなしだったのです。

いや、今だから言いますが、**勘違いな無鉄砲って、恐れるものがなく、最強だなと思います。**

デザイナーを目指し上京した翌年の１９９８年、ついに専門学校を卒業した僕は、世の中の出版・印刷業界がこれまでのアナログ版下からＤＴＰへと急激に移行する歴史のどさくさに紛れて、「Ｍａｃ、バリバリ使えます」と断言し、見事出版社に就職しました。

名を売り、顔を広める作戦を実行

就職した出版社は、当時、広告業界でも権威ある雑誌を出版していた有名なところでした。サブカルブームの絶頂期で、その頃勢いがあった音楽も、ファッションも、芸能も、すべてその雑誌の中にありました。

いわばサブカルの最先端を取り上げているような雑誌を作っている会社で、中でも広告部門には、広告業界で大活躍中のコピーライターなど、花形スターがこぞって集まっていました。

さらに、80年代のバブル絶頂期の名残を感じさせるクリエイターたちも、まだそのあたりをうろうろしている時代でしたから、とりあえずそこに入って経験を積めば、**自分も有名になれるかも知れない、**有名とまではいかなくても、そこで働いていたということがキャリアに箔をつけるだろう。漠然とそんな希望を胸に入社を決意しました。

オフィスからほど近い東京・青山の骨董通り沿いにある〝SMOKY〟というレストランの前に駐車してあったポルシェを眺め、ツイードのジャケットを脱ぎながらそこから降りてくる自分をよく想像したのを今でも覚えています。

出版社を退職し、次に入ったのがリクルートという会社でした。

営業職を辞めてハワイへ行ったことがひとつ目の転機なら、リクルートに入社したことが、僕にとってふたつ目の転機といえるでしょう。

その頃には僕はディレクターという役割を担っていましたが、任される裁量が大きくて、今はどうかわかりませんが、当時はディレクター自身が企画した仕事を、自由に割り振ることができたので、さまざまな切り口で新しい表現を試していくことができました。

しかしそこでも、前職の出版社と同じように、周囲の一流クリエイターたちと肩を並べて仕事をするうち、僕は自分自身の能力の低さや仕事のできなさに、またもや否応なく気づかされることになりました。

度胸と勢いとハッタリだけで入社したので、能力の差が明らかになるのは、結局、時間の問題だったのです。

でも僕は自分のダメさに落ち込むよりも、むしろ、優秀で仕事が早いコピーライターやデザイナーたちと仕事をしながら、**真のプロフェッショナルとは何か、そういう人たちに楽しく働いてもらうために、自分は何をしたらいいのかなどを常に考えるようになりました。**

こうして約1年働いたのち、業務請負いの契約ディレクターとして独立する日が近づいてきました。実力に応じて毎月それまでの2倍くらい稼げるよと言われたのが今でも印象に残っています。

自分の人生を自分ではない誰かに握られているということが、とても居心地悪かった当時の僕にとって、独立は自然な流れでした。

とんとん拍子で、個人事業主として独立することが決まっていきました。

この頃には、ある程度広告制作の流れや、クリエイティブの良し悪しを見極める目なども身についており、また優秀なクリエイターたちとのつながりもできていたので、ひとりでやるにしても何とかなるだろうという、妙な自信もありました。

青山のマンションのワンフロアで法人に

個人事業主として独立して数年が経過し、リクルートからの仕事を請負いながらフリーランスとして年商が2000万円を超えた頃、個人事業主という立場での働き方に限界を感じるようになってきました。

広告のつくり方や、クリエイターとのチームづくりもだいたい理解した。お願いしたら仕事を引き受けてくれるブレーンも揃った。

このまま大きな会社の下請けとしてだけで生きていきたくない。外部の仕事を自分の力でもっと積極的に取ってこれるところまでいきたい。

次なるステップを考えていたところ、一緒によく仕事をさせていただいていたデザイン事務所のアートディレクターの方から、ワンフロア使っていいよと声をかけてもらえました。南青山にあるヴィンテージマンションのワンフロアです。

若いデザイナーをひとり雇って、たったふたりではじめた会社でしたが、意外にも順調に売上が伸びていきました。

リクルートの仕事は引き続き請負いつつ、人づてに仕事を紹介してもらったりしながら仕事をこなしていると、ほどなくして、安定的に顧客がつくようになったのです。収入も仕事も倍増しました。

もちろん、時代そのものが好景気だったということもあります。僕のようにそれほど下積みを重ねていなくても、勢いと勘違いだけで独立してしまったようなディレクターや制作会社にも、**打席に立つチャンスが与えられて場数を踏むことができたので、独立してキャリアを積むには最高の時代でした。**

そのあと、僕は青山の超高級新築ビルに移転。最上階には当時人気絶頂にあった歌手やタレント、プロ野球選手が住んでいる、超ハイソなビルの住民になりました。

覚悟を決めるとき

「すぐ病院に来てください」。

その連絡を受けたのは、春先の優しい日差しが降り注ぐ、新橋の土橋の交差点でした。実家の母が近所のクリニックで点滴を受けていたら、急に心肺停止の症状に陥ったとのこと。その足で新幹線に飛び乗り、広島市民病院に向かいました。

病棟のベッドに横たわる母は、もう目を開けることはありませんでした。父の介護疲れからくも膜下出血で倒れたのはもう何年も前のこと。そこからひとりで病気を乗り越え、脳静脈瘤の手術を受けながらも回復、何とか生活できるようになった矢先のことでした。

そんな致命的な状況から立ち上がってきた母が、風邪っぽいからと近所の病院に出かけてそのまま戻らぬ人となるなんて想像もしなかったので、僕はしばらくの間ぽかんとしてしまいました。

そのあと、葬式や自宅の整理など雑多な作業がありましたが、正直なところ未だに具体的に何をしたのか思い出せません。

これまで父をはじめ、周りでたくさんの死を経験してきましたが、母の死というものは、それ以外とはまったくといっていいほど、次元の違う悲しみがあり、おそらく**人生において最も辛く乗り越えることが困難な出来事だった**のではないでしょうか。

母が死んだことで、ひとりっ子だった僕は、33歳にしてひとりぼっちになってしまいました。親兄弟なし、地上にひとり残されてしまった状況をなかなか受け入れられず、生活が荒れた時期もありましたが、やがて、「もうこれからはひとりでやるしかない」と、腹が決まりました。

これで人生に捉われるものはない。むしろ自由にやれる。

冷静に、会社というものをつくっておいて良かったと実感しました。というのも、結局のところいざというときに頼れる身内がいないというのは、事業はもちろん、日常生活における信用の面でもかなり不利になるように感じたからです。

例えば最近では少なくなってきましたが、ちょっとした賃貸物件でも保証人を求められたときに、気軽に頼める人がいるといないとでは大違いです。その点、会社という法人（つまり、「別人」）をつくっておけば、会社の保証人には自分がなればいいわけです。これはオフィスを借りるにも融資を受けるにも、圧倒的に有利です。

自分の会社があれば、ひとりではないということ。それに早いうちに気がついたのはラッキーでした。
あとは生まれたての会社を育てて、どれだけ信用を獲得していけるかの勝負です。何より「母の死」という、受け入れて乗り越えることが極めて困難な出来事を、30代の前半に経験できたことは、今思うと実際のところ本当に良かったと思います。気持ちのうえで、この世の中に頼れる人は、もういないのですから。

自立、独立、という点においては、ある意味無敵になったわけです。

同年、退路を断つという決意も込めて、有限会社として資本金300万円ではじめた制作会社を、株式会社に変更。加えて増資して資本金を1000万円にしました。
もう自営業とはいわせない。企業の経営者として、今のビジネスを発展させていく。そしていよいよこれからというときに、時代は僕にとって裏目な方向へ、あっという間に変わっていくのでした。

つまり、人間があっけなく突然死んでしまうように、世の中なんて一瞬で変わるのです。

価値観が急変するインターネットの時代が到来

2002〜2003年頃、世の中に転機が訪れました。

インターネットが急速に普及して、広告業界の常識が変わったのです。

世の中から雑誌が、続々となくなっていきました。メディアはインターネットに次々と変わっていき、紙媒体を中心としたアドメニュー（制作価格の一般的な料金表）はもちろん、これまでの制作工程が陳腐化していきました。

インターネット上の広告は、つくり方も考え方も、従来の紙媒体とまったく異なります。

何よりインターネット上の広告は、あらゆるデータが数値として可視化されるので、費用対効果が一目瞭然になります。

これまでの経験による感覚値からの企画提案は、目まぐるしいスピードで過去のものになっていきました。

しかも、インターネット上の広告は紙媒体のように、一度印刷したら変更がきかないということもないので、簡単に修正したり、複製したりすることができます。いつでも修正していくことが可能となり、制作におけるスピードも大きく変わりました。

バナー広告やテキスト広告、動画広告など、さまざまなスタイルで横断的に展開することはもちろん、紙媒体と比べてダイレクトに想定顧客に届けやすいという特徴もあります。

一番の魅力は、紙媒体に比べて、制作コストも人件費も圧倒的に安いことです。

クオリティもそれほど求められなかった当時のインターネット広告ではクリエイターの新規事業者も参入しやすく、意味のない価格競争がどんどん激化していきました。

やがて、制作単価が大暴落。

当然、僕のように紙媒体中心でやってきた広告制作会社は大打撃を受けるようになりました。

このままではまずい。

当時4人いた社員にほとんどの仕事を任せて、僕は急いで新しいビジネスを探しはじめました。

広告業から中古車輸出業へ！

僕が目をつけた新しいビジネス、それが中古車輸出業です。

現在、僕は中古車買取りのフランチャイズ本部を運営していますが、実は、自動車業界で最初に手がけたのは中古車の輸出業でした。

日本のオークションで車を仕入れて、輸出ポータルサイトで海外に売る、という仕事です。

インターネットが普及して、これまで広告業界一本でやってきたことがうまくいかなくなり、ほかに何をやるかといっても、正直なところ、何もひらめきませんでした。

しかし、もともと経験も実績もお金もなかったところからはじめてきた僕は、ゼロからでも3年あれば、どんな事業でも軌道に乗せられるだろうと安易に考えて、インターネットでフランチャイズや代理店など新しいビジネスを検索しました。

見つけたのは「中古車輸出業なら、低リスク、小資本で、伸びている海外マーケットにチャレンジできる」という一文。

これだ！　僕は、成功を確信しました。

その自信に根拠は当然ながらありません。しかし、このひらめきが、僕にとって思いがけない大きな転機となったのです。

広告業界はどちらかというと、ドメスティックな世界です。クライアントもクリエイターも、ターゲットもほとんどが国内向け。

特に求人広告系のコピーライターはドメスティックの代表のような商売です。

だから、広告業界以外のビジネスを考えはじめたとき、**世界を相手にするグローバルな仕事がしたいという考えが芽生えました。**

その点においても、中古車輸出業はぴったりでした。
しかも、ポータルサイトを使って集客から販売まで行えるフランチャイズに加盟すれば、英語力も問われないという、まさに僕のためにあるような仕事じゃないかと思ったほどです。

さらに、中古車輸出業の「仕入れて売る」という商売に興味をもったことも、このビジネスをはじめた大きなきっかけとなりました。
「100万円で仕入れたものを120万円で売って20万円稼ぐビジネスなんて、何もしないで20万円稼げちゃうようなもの。挑戦しない手はないだろう」。

それまで手がけていた広告制作の仕事は、ひと通りの制作が終わってから、制作したところだけを請求するという〝労働集約型〟の職業でした。
それに比べれば、**仕入れたものに利益を乗せて売るという、非常に原始的で当たり前の流通商売が改めてすさまじく魅力的に映ったのです。**

以前から輸出業に興味があったわけではありませんし、そもそも車がすごく好きかと聞かれたら、単に輸入車に乗るのが好きなくらいで、車自体はそれほどでも、といった感じでした。

そこそこ稼げるようになったとき、目黒の外車専門の中古車店で見かけたクラシックSAAB900iというスウェーデンの車を衝動的に買ったのが最初の車です。

当時、僕はウィンドサーフィンからサーフィンへ転向していたのですが、独特の北欧デザインの車には不思議とサーフボードキャリアが良く似合い、その頃流行していたロングボードを積んで、週末のたびに千葉や湘南まで出かけていました。

シフトレバーの後ろにあるイグニッションキーを回すと、独特の野太く籠ったエンジン音が腹に響き、サンルーフを開けると、太陽の香りすら感じられるような素敵な車でした。

人生の中で、あれほど大好きだった車はありません。

しかし、購入してから半年もすると、走り出すたびにどこかが壊れてJAFのお世話になり、帰りは積載車の助手席が僕の定位置になるという、いわゆる輸入中古車の洗礼というものを浴びることになりました。

そしてあるとき、ロングボードを積んでいよいよ出かけようとイグニッションキーを回すと、室内の風機口をはじめとする穴という穴から鉄粉を吹き、車内からエンジンルームまでを鉄粉だらけにして不動となるという壮絶な最期を迎えるのでした。

この一件以来、「車は新車に限る」と心に決め新車を2年ごとに乗り継いできていた僕が、突然「輸出業をはじめる。それも中古車」と言い出したのですから、周囲の人たちはまたもや驚きを通り越して、呆れているようでした。

難航する中古車輸出業

中古車輸出を手がけているフランチャイズ本部を見つけた僕は、早速話を聞きに行き、すぐに加盟を決めてビジネスをはじめました。

でも、結果からいうと数年経っても、思うような成果をあげることはできませんでした。

僕がはじめたのは、インターネットで中古車を世界中に輸出するというビジネスでした。

日本のオークションで仕入れた中古車を、主に海外に住む外国人に販売します。

「日常英会話もままならないのに、世界を相手にビジネス？　それも中古車輸出？」と、我ながら成功する要素はまったく見当たりませんでしたが、なんとなく海外のマーケットも伸びているようだし、と安易に参入を決めてしまいました。

「自分だけはきっと成功する」。裏づけのない自信がドンと背中を押してくれました。

中古車輸出を行うにあたっての基礎的なことは研修で教えてもらえるので、車を仕入れたらこのフランチャイズが運営する中古車販売サイトに掲載するだけ。

あとはそれを見たどこかの国のお客様がメールでオファーしてくるので、価格が折り合えば船積みすればいいということでした。そこで早速、オークションで車を仕入れることにしました。


オークションといっても、実際に車が売買される実車オークション会場に出かけて車を下見したり、セリに参加するわけではありません。

正確にいうと、実車オークション会場というのは、築地の魚市場の車版みたいな感じで、誰でも気軽にセリに参加できるものではありません。基本的に実車オークションというのは、プロ向け、つまり、車を販売する業者の仕入れ場所として存在しています。

正直なところ、実車オークション会場の会員になるには厳格な審査があり、なかなか素人が正面から「車屋さんはじめるので、入れてください」といって、ぷらっと入れるという場所ではないのです。

しかし、当時はすでにインターネット時代。

手数料は割高ですが、比較的簡単な審査で入会できると評判のネットオークションをフランチャイズ本部から勧めてもらいました。**素人の僕でも明日から仕入れができると言われるがままに入会して、まずはサイトに掲載するための車の仕入れをしました。**

今振り返ればまったく無謀としか思えないのですが、「何となく海外なら4WDのニーズが高くて、中古車だったら100万円くらいでみんな探しているのかな?」なんて、**マーケティングをまったく無視した感覚的な仕入れをしていました。**

最初に仕入れたのは日産のエクストレイルという車でした。

確か60万円くらいだったと思います。

ネットオークションで落札して、指示されるまま大黒ふ頭の輸出ヤードに陸送しました。100万円くらいで売れるといいなとウキウキしながら数日間画面を見つめても一向に売れる気配がありません。通常サイトに掲載するとバイヤー（現地で車を買ってくれる人）からメールが来るのですが、そのメールが1件も来ないのです。

「まあ車なんかそんなポンポン売れるわけがないよね」。

そう都合良く考え、のんびりと待つことにしました。

しかし、3か月以上経とうと、まともなオファーは一向に来ませんでした。正確には数件のメールが届きましたが、すべてが海外からの詐欺的なビジネスへの勧誘という散々な結果。

いくら何でもこれでは商売にならないと、フランチャイズ本部のスーパーバイザーに相談すると、「通常なら1週間くらいでオファーから船積みまで行くはずなんですが」と言われました。

電話ではらちが明かないので実際に会って話してみると、「新佛さん相場見ています？　この年式のエクストレイルは売れるとしても40万円くらいですよ」とショッキングな事実を伝えられました。

さらには**「これからは、まずは仕向地、送りたい国の規制や実績のある車種、販売額といった相場などのデータをすべて揃えてから仕入れてください」と指導されてしまう始末。**

仕入れて掲載すれば簡単に儲かるビジネスなら自分が成功できないはずがない。安直にそう考えていた僕は、早速現実に打ちのめされるのでした。

結局そのエクストレイルが売れたのは仕入れから半年後。船賃や保険も入れて35万円くらいでカリブ海のバイヤーが買っていきました。60万円で仕入れたので、およそ40万円くらいの損失を被りました。しかし、重要だったのは、海外のバイヤーに売れたという事実。

売れたということはビジネスの可能性はある。

そう確信した僕は、中古車輸出ビジネスの深みにはまっていきました。

資金回収に苦戦する

相場に注意して車を丁寧に仕入れていくと、少しずつ車は売れるようになっていきました。

まだ利益獲得にはほど遠い状態でしたが、徐々に売り方がわかってきたのです。そんな中、ある大きな問題にぶち当たりました。

それは、**資金の回収までにやたら時間がかかることです。**

基本的に売れた車を載せた船が現地に到着しないと、こちらに代金は入ってきません。確かに、このフランチャイズが提供する売上代金の回収サービスを利用すると、船が現地に着いて車が買い主のところに渡った時点で、お金は入金されます。

その点は安心ですが、オークションで車を購入してからサイトに掲載し、交渉の末に成約となり、それから船積みの手配、陸送、船便確定と、ようやく代金が入金されるまでに、最短でも1か月、なかなか売れない場合には数か月かかることもありました。

とにかく資金の回収までに時間がかかりますから、その間に為替の変動などがあると、想定利益が一気に吹っ飛ぶという思いがけない事態に陥いることもありました。1ドル100円なら利益が出るのに、1ドル99円になった途端にもう赤字、なんてことも珍しくありません。

もちろん為替変動分のバッファーを販売価格に転嫁すればいいのですが、下手をすれば1台当たり数千円の利益しか出ない中古車輸出ビジネスでは、そのような価格設定をしようものなら商売になりません。

自分の能力ではマネジメントできない問題を前に、リスクとして受け入れるしかありませんでした。

加えてオークションの相場も上下するので、どれだけ僕が頑張って利益が上がるように工夫しても、自分の能力の及ばないところで価格が変動するというのは、手の打ちようがありません。

また慣れてくると、何回か取引をしたことのあるバイヤーと直接取引をすることもあります。

こちらは基本前払いで進めることを条件として行うのですが、1、2回目の取引ではちゃんと真面目にやりとりしてくれたのに、3回目くらいで「今回だけ車が到着してからでいいか？」とお願いされ、信頼して車を送るとトンズラされてしまうということもありました。

このときは仕入れ代金と船賃丸々の未回収となり、合計で数千ドルの損失になりました。

海外での商売は、どうしても現地と太いパイプをもって、face to faceの商売をしているディーラーの力が強く、僕のような新参者（しかも、中古車売買の経験が浅く、通り一遍の知識しかもっていないような人）だと、**いくら価格を安くしても太刀打ちできないという問題もありました。**

加えて参入障壁の低いインターネットのポータルサイトという特性上、中古車輸出に新規参入した個人の加盟店すべてが競合となっているということも、価格競争に拍車をかけました。

実際に日本で一般ユーザーが車を買う場合、少々高くても、顔のまったく見えないインターネット経由の個人売買サイトで買うよりも、信頼と実績があり、顔見知りのメーカー系ディーラーで認定中古車を買うほうが、アフターサービスも含めてよほど安全に取引できるはずです。

それと同じで、**海外でもネットで売るためには、とにかく徹底的に安売りにするしかない。**

そのためにはできる限り相場よりも安く仕入れる仕組みづくりができないと、継続的に利益を上げることが難しいビジネスモデルであることを痛感しました。

徹底したマーケティングを行えず、いわば感覚だけで仕入れを行うしかない僕らインターネットの個人経営組は、当然ながら苦戦を強いられるため、売れたところでほとんど利益を得られなかったのです。

はじめの頃は、並行して広告制作会社も続けていましたが、仕事を任せていた社員たちのモチベーションは徐々に下がっていきました。

以前は、少なくとも僕が広告業界を目指した当時は、いくら仕事が大変でも下積みを乗り越えれば、あの人みたいに一流のクリエイターになれるかもしれないという夢と希望がありました。

しかしながら、**制作単価も下がり、インターネット広告へと時代が移ってしまった今、僕自身も若手に夢と希望を与えることが難しくなってきたのです。**

このまま今の制作会社を同じように続けていても、あまり良いことはないかも知れない。

思い切って、当時4人いた社員に僕の担当クライアントを全員割り振ってフリーランスになることを勧め、組織として広告制作ビジネスを続けていくことを断念しました。

そして**僕は自宅で、中古車輸出業一本に絞り、本腰を入れて取り組むことにしたのです。**

再び迎えたゼロからのスタート。

ゼロから、といっても、今度ばかりは家族もあり、月々の生活費を削ることは許されません。むしろマイナスからのスタートです。

収入、利益が出ないということはすなわち蓄えを切り崩すことを意味します。

明るい兆しはまったくありません。

僕は日に日に出口の見えない中古車輸出ビジネスの深みへとはまっていくのでした。

第１章

熱狂できることを探せ

得意か否かは関係ない。「生きていると実感できる」ものを探そう。見つけたら、できるだけ短期間で飽きるまでとことん集中してやり尽くそう。

たった一度きりの人生、自分以外の誰にも運命を握られてはいけない。心に耳を傾けて、誰よりも自らのポテンシャルを信じて、そして勇気づけよう。

はじまりは「夢と希望」。無鉄砲でもいい。根拠なんてなくてもいい。もちろん途中で夢が変わってもいい。何が転機になるかなんて、誰にもわからない。一歩踏み出すことがすべて。

第2章

大失敗から学んだ、逆転の発想

～ハッピーカーズ®の誕生秘話

アフリカ大陸に、夢と希望を求めて

中古車輸出ビジネスに真剣に取り組めば取り組むほど、お金は出ていきました。1年で大体1千万円ずつキャッシュアウトしていきました。

主な輸出先はアフリカの東海岸。今でもそうですが、アフリカはかねてより、日本の中古車の主な輸出先として知られています。ケニアをはじめ、ウガンダ、タンザニア、モザンビーク、ザンビアといった東海岸の国々は日本と同じ左側通行（右ハンドル車利用）なので、**日本車の需要が非常に高いのです。**

ちょうどその頃、中古車の輸出先として、モザンビークからの取引が増えていた僕は、メールやＳｋｙｐｅを駆使して、モザンビークのセルジオというバイヤーと片言の英語で直接連絡を取り合うようになっていました。

そうして何度かやり取りをした後、彼が自家用車として購入したフォードエクスプローラーの輸出の案件をきっかけに、モザンビークまでセルジオに会いに行くことを決意します。

マプートという港町にほど近いところに住む彼は、今後、日本から中古車を輸入してモザンビークで販売していくビジネスを手広くやっていきたいという夢を真剣に語ってくれました。

帰国後、彼が在庫したいという車をリクエストしてもらい、オークションで買いつけて船積みしました。

金額的には500万円はくだらなかったと思います。ランドクルーザープラド、RAV4といった人気車を次々と送りました。

それなのに、セルジオからの返事は「計画がとん挫して、今は払えない」の一点張り。僕にとって死刑宣告にも思えるその連絡は、日々キャッシュアウトしていく状況においては精神的にも耐え難いものでした。

実際未回収金が300万円くらいあり、そこから仕入れも見込んでいた僕は**致命的な状況に陥りました。**

もう後はありません。

おもしろいことに、周りには、中古車輸出業をはじめてみたのはいいけれど、なかなかビジネスが波に乗らず苦戦している人たちがたくさんいました。

「みんなで現地法人を立ち上げて、一緒にビジネスをはじめよう」。手を挙げた10人くらいの人たちと何度か打合せを重ね、少しずつ方向性が決まっていきました。

しかし、いざ資金を出す段になると、ひとり、ふたりと静かに去っていき、最終的に残ったのは僕を含めふたりだけ。仕方なく、僕は彼とタンザニアのかつての首都、ダルエスサラームに現地法人を立ち上げて、ビジネスをはじめることにしたのです。

タンザニアに拠点を移してすぐ、地元の人たちに僕たちの商売を知ってもらうため、大々的に新聞広告を打つことにしました。

現地のトレードショーに日本からラッピングして船積みした車を出展したり、一流ホテルを貸し切って、駐タンザニア大使をはじめ、タンザニア銀行の重役といった要人やマスコミまでも招いてパーティを開いたり、売り込むためなら片っ端から何でもやりました。

現地の電話帳を引っ張り出して、スタッフと一緒にスワヒリ語でアフリカ人の社長に電話をかけてアポをとり、バスで道なき道を進みながら、文字通り命がけでクライアントを訪問し、中古車の売り込みを行う日々。

しかしながら、生半可なパーティーも、にわか仕込みの訪問営業も、簡単にうまくいくほど世の中甘くありません。

結局、何をやってもうまくいきませんでした。

たちまち僕は、にっちもさっちもいかなくなって、その年の暮れ、やむなくアフリカから撤退。

そして同時に、**中古車輸出ビジネスからの撤退を決意したのです。**

改めて身のほどを知ることからはじめる！

再び、僕はゼロからのスタートを切るため日本に帰りました。

アフリカでのビジネスが失敗した原因はたくさんありますが、中でも特にネックになったのは、英語ができなかったことです。

日本でも商売を進めていくにはコミュニケーションが大事なのに、最低限の意思疎通もできなかった僕が海外で、しかも、現地の人を相手に商売するのに、英語ができなければ話になりません。

なぜ、そんなことに気づかなかったんだと思われそうですが、僕は根っから楽天的で無鉄砲なところがあるためか、「片言でも大丈夫」と安易な情報を安請け合いしていました。

グローバルという甘美な響きに目がくらんでいたのかもしれません。

だから一旦ゼロに戻ってアフリカから日本へ帰り、これから一体、何をやって稼いでいこうかと考えたとき、まず**頭に浮かんだのは「身のほどを知る」ことでした。**

アフリカなんてこれまで行ったこともなかったし、馴染みもなかった。知り合いもいないし、アフリカについての知識もない。

英語はもちろん、現地の言葉も話せない。

そんな自分がアフリカ人を相手にビジネスをしようとしても、うまくいかないのは当然じゃないか。もっと勝算が見込めるところを選ばなければ……。

でも、自分が勝てるところって一体どこだろう？　そう自問するうちに、自ずと答えが決まりました。

当然、日本です。かつ、家の近所。ここならナンバーワンになれる。大好きな湘南という街をベースに勝負すれば、きっと誰にも負けない。

湘南で一番になろう。「湘南で中古車ビジネスといえば、新佛くんのところが一番だね」と言われるようになってやろう。

こうしてビジネスのテリトリーが決まりました。

弱者の必勝セオリーを身につける

「身のほどを知る」際に参考になったのが、イギリス人エンジニアであるF・W・ランチェスターの「ランチェスターの法則」でした。

「ランチェスターの法則」は、弱者が強者に立ち向かうための戦略手法として知られており、実際に世界各国の多くの企業がこれを実践し、競争を勝ち抜いてきたといわれています（『ランチェスター思考　競争戦略の基礎』福田秀人著他／東洋経済新報社刊）。

新たなビジネスを模索し、ナンバーワンになるためのテリトリーを探していた僕が注目したのは、

・局地戦＝狭い地域で勝負する
・接近戦＝特定顧客を獲得する
・一騎打ち＝競合をつくらない

という3つの戦略でした。あくまでも個人的な解釈ではありますが、アフリカでの中古車輸出ビジネスの問題点や大失敗の原因を的確に表すと同時に、次への可能性につなげるためのヒントが秘められていると感じたのです。

僕は早速、これらの戦略をひとつずつ自分の状況に置き換えていきました。

まずは「局地戦」。ターゲットは近所に絞りました。神奈川県が頭に浮かびましたが、もちろんこれでは広すぎます。続いて「藤沢市ではどうだろう?」「辻堂西海岸では?」とどんどん範囲を狭めていき、そして最後に行き着いたのが「湘南エリア」でした。

ここなら局地戦が行えるだろう。そう確信した僕は、次に「どう接近戦に持ち込むか」、そして「一騎討ちできるビジネスとは何か」を考えました。

つまり言い換えれば、地域唯一の存在として特定の顧客を獲得できる方法です。

これには、湘南という町を徹底的にリサーチする必要がありました。勝負する地域を狭めたからといって、〝オンリーワン〟になれるわけではありません。

それに地域にかかわらず、日本全国にあらゆるビジネスが存在する以上、競合がいない商売を生み出すなんて、そう簡単にはいきません。

僕はもう一度、中古車輸出の失敗を振り返り、答えを探すことにしたのです。

中古車ビジネスのキーワード

中古車輸出業をしていたときは、「オークションで中古車を仕入れ、海外に販売する」ことをメインに行っていました。**うまくいかなかった決定的な理由は、「安く仕入れられないから、利益を出すことができなかった」ことに尽きます。**

安く仕入れることができさえすれば、世界中にお客様はいるのだから利益は確実に出るのではないか。しかし、オークションは競りの場。業者が欲しい車は同じで、業者からのニーズが高ければ高いほど車の価格は競り上がる。つまり相場が上がるということ。オークション会場で買うということは、どの業者よりも一番高く仕入れることにほかなりません。

それでは、オークションを仕入れの場とではなく、売り場と考えてみてはどうだろう。

つまり、小売りから卸しへの、発想の転換です。

主にオークションに出品しているのは日本全国の新車ディーラー、中古車販売店、買取り店などです。彼らが売りに出した車を、中古車販売店や輸出業者が落札し、販売していくというのが流通の流れです。

日本の中古車流通の優れた点は、オークション会場の検査やルールが極めて厳密に定められており、出品業者も落札業者も安心してオークション会場を利用できること。

日本の中古車売買において、Ｃ ｔｏ Ｃの個人売買や、インターネットを通じたＢ ｔｏ Ｃビジネスがいまいち普及しないのは、この秀逸なオークションシステムのおかげだろうと考えました。

そして何よりこのシステムの素晴らしいところは、出品した車が落札されると、書類提出の翌日には落札額が会場から支払われるという点にあります。

例えば、今日一般ユーザーから買取りした車を明日のオークションで売れれば、駐車場代もかからず明後日には代金を全額回収できるということです。

小資本ではじめられて、資金回転率がずば抜けていて、在庫不要でできます。

これだ！　そう確信した僕は早速ひとりでゲリラ的にクルマの買取り業をはじめました。

とにかく「車を買います」と、家族をはじめ、知人、友人、近所の人などに声をかけまくりました。最初は相手にされませんでしたが、割とバカになって同じことを言い続けていると、「じゃあちょっとうちの車見てよ」と不思議なもので自然と声がかかるようになりました。

社名づくりにこだわる理由

せっかく声をかけてもらったのに、がっかりさせるわけにはいきません。

とにかく他社の買取り額や下取り額より徹底的に高い価格を提示していきました。

そのうち「これはいける」と踏んで、広告を出すようになりましたが、そこで壁にぶち当たりました。

大手競合他社の看板にはかなわないということです。

査定の現場にいるのは、僕ひとりではありません。

テレビやラジオでバンバンCMを流し続ける大手買取り店の営業スタッフを目の前にして、まったく相手にされないこともありました。

確かにお客様の気持ちになって考えると、自分の大事にしてきた車を見ず知らずの個人経営の、店舗もない買取り業者に譲るのに抵抗があるのは当然です。

そこで、買取り店のブランド、しかも、一発で頼みたくなるような社名が必要だと痛感しました。

こちらはどこよりも高く買おうとしているのに、ブランド力がないからといって、同じ車を他社に安く売ってしまうなんて、お客様にとって大きな損失です。

ブランドづくりに向けて、徹底的に自己分析を行いました。単なる真似事のような社名だけではだめだ。

誰でも、気軽に、安心して頼めるような、強烈にキャッチーで、なおかつ理念が凝縮されていて、ブランドをひと言で表現できる名前。僕自身が、これまでの人生で培ってきた経験を通して世の中に感謝と尊敬の意を表したい。この理念を言語化しました。

「車を通じて、かかわる人すべてにハッピーを提供していく」。

この理念から〝クルマ買取りハッピーカーズ®〟という会社名が生まれたのです。

やがて、自分の勝負エリアである湘南のさらに狭い地域に限定して、一般的な買取り相場よりもできるだけ高く買取りを続けていると、徐々に商売が繁盛してきました。するとその噂を聞きつけた中古車輸出業者たちが10社くらい集まって加盟店となり、車買取りビジネスの輪がどんどん広がっていきました。これが現在のフランチャイズの前身となるのです。

どこよりも高く買取ることを実行する

一般の人たちから車を買取り、業者が集まるオークション会場へ持ち込んで売る。

車買取りのビジネスモデルを簡単にいえば、これだけ。とても単純で、簡単な仕組みです。アフリカでの経験を経て日本に帰国し、それまでの「中古車を売る」仕事から「中古車を買い取る」仕事へ方向転換したわけですが、最初からスムーズに事が運んだわけではありませんでした。

これはまだ、ハッピーカーズ®の名前をもたない頃の話です。

僕はまず、身近なところで知り合いに声をかけることからはじめました。

普通、商売をはじめると、とにかく「不要なクルマがあれば売ってください、お願いします」などお願いすることからはじめることが常識ですが、僕の場合は一切、お願いしますと頭を下げたことはありません。

「それって商売人としてどうなの？」と言われそうですが、僕はお願いするよりも「どこよりも高く買取ること」を徹底しようと最初に決めました。

「車を売るならどこよりも高く買うから、もし買取りの相談があったら一度僕に声をかけてみてね、きっと得するよ」という具合に、お客様が僕に車を売ることで得られる利益を明確に伝えるように心がけたのです。

知り合いはもちろん、地域の商店、散髪屋さんから、お好み焼き屋さん、生活のうえで立ち寄るお店にはすべて胸を張って堂々と声をかけていきました。

損を覚悟で相場よりも高く買取りをしていました。

本気で他社より高く買取っていたので、僕に車を売るということは、お客様にとって明らかに利益が大きくなるわけです。僕と取引をすればお客様は確実に得をする。

それを常に心に留めて実行していけば、決してお願いする必要はないのです。

大切なのは、ご縁に感謝すること、「僕を選んでくれてありがとうございます」という気持ちなのです。感謝する気持ちを常にもっておけば、少々の損が出たとしても、きっと次もそのお客様は僕に声をかけてくれる。

「目先の損失は、将来に向けた最大の広告費である」。そう信じ続けた結果、知り合いや、声をかけさせていただいたお店のお客様などからも、車を見てほしいという依頼が次々と入るようになったのです。

やがて、ひと通り知り合いに声をかけてしまったあとは、さらに商売の可能性を広げようと、中古車買取り業界では非常にポピュラーになっている集客サービスサイトに買取り業者として登録しました。簡単に説明すれば、車を売りたい人がインターネットで自分の車種、年式、走行距離などを入力すると、複数の買取り業者へ査定依頼が飛ばされ、自分の愛車の査定を行い見積もりしてくれるというものです。

僕は車を買取る側なので、「車を査定して欲しい」という一般の方からのリクエストに応じて、アポを取り、実際に車を査定したうえで、査定金額を見積もって提示します。このとき発生するのが、手数料。査定依頼を受けるたびに、登録している買取り店は結構な金額の手数料を払わなければなりません。

一方、「車を売りたい。査定してほしい」という利用者側は無料です。座って待っているだけで、車を売りたい人の情報が入ってくるのですから、買取り店サイドとしては手数料を取られても仕方ありません。

信用の壁にぶち当たる

しかし**実際のところ、査定依頼が入り、「よし、この車を買取るぞ」と気合いを入れてその売主さんにお電話しても、なかなかつながりません。**
それでもタイミングを見計らいつつ、メールなども駆使して何とか頑張ってアポを取り、実際の査定の現場に駆けつけたところで、まだハッピーカーズというブランドも知られていませんから、「どこの会社？　店舗もないの？　もう来なくていいよ」とひどい扱いを受けることもありました。

正直、車買取りなんてやめてしまおうかと考えるくらいショックでした。

車買取り業界ではインターネットから申し込める査定サービスが割と一般的で、ほとんどの大手買取り業者をはじめ、多数の業者が利用しています。通常、車の買取り査定を申し込むと、利用者さんの電話は一時的に鳴りっぱなしになります。

それくらい、多くの企業が一斉に車の売り主にアプローチし、ラブコールを仕掛けているのです。

首都圏では7〜8社は最低でも登録しているのではないでしょうか。

そこで、僕のテリトリーである藤沢市でどんな業者が参画しているのか調べてみると、そこには日本有数の超巨大買取り業者の名前がつらつらと綴られていました。

宣伝費用も、事業規模も、知名度も、何もかも違います。

提示する買取り価格までは詳しくわかりませんが、おそらく、僕のようにごく小さな個人事業主者がどれだけ頑張ったとしても、超一流の大企業と比べたら知名度では雲泥の差があるのです。

莫大な予算を投じて広告を打ち、ロードサイドに巨大な店舗を構えるような超一流の買取り業者と同じ土俵で勝負したところで、名の知れない個人店が戦っていくのは、なかなか難易度が高いと感じました。確かに自分の生活する地域では小さなブランドでも勝負ができた。でもそこからちょっと外れて、**一般の市場というフィールドに出てみると、信用という面ではまったく歯が立たなかったのです。**

このままではダメだと思い、様々な媒体に広告を打ちました。単価の高い新聞折り込み広告を打ちまくったこともありました。しかし、値段のつかない軽自動車の問い合わせが1件あっただけでした。

諦めずに、今度は10万円注ぎ込んでおよそ1万部を刷り、近所にポスティングを試みましたが、これも同じく、タダ同然の廃車が1台、買取れただけでした。

新聞折り込みもポスティングも、ブランドをもたない個人商店にとっては、あまり効果を発揮しません。

後になって振り返れば、1年後や2年後にそのチラシを見て電話してきてくれる方やリピーターもいました。長い目で見たら、投資額を回収できたといえるでしょう。広告の奥深さ実感するとともに、継続していくことの大切さをリアルに体験することができた経験でした。

一番足りなかったものは「理念」

自分のやり方や、周囲の成功事例を総合的に考えてみた結果、僕に一番足りなかったものがわかりました。

それは、**この仕事をするうえで最も大切なもの。「理念」です。**言い換えれば、理念とは、企業としての存在意義や、事業の価値のこと。

以前、広告制作の仕事をしていた頃、企業のブランディングを担当することがありました。そのとき、大手企業の社長に対して、僕はよく、徹底的に自論を展開したものです。

「事業を行ううえで、一番大切なものは理念です。なぜ、自分がその事業をやるのか。その事業によって、自分は何を成し遂げたいのか。その思いがなければ、お客様はおろか、社員もスタッフもついてきませんよ」。

そんなことを偉そうに大企業の社長相手に話していたはずなのに、いざ、自分で会社を立ち上げてみたら、目先の利益に捉われるばかりで、理念について考えることなど、これっぽっちもなかったのです。そこで一度ハッピーカーズの理念について考えることにしました。

1　なぜ、僕は中古車買取り業をやるのか？
2　中古車買取り業が、なぜ、社会で必要とされるのか？
3　その事業は、社会に対してどんな価値を提供できるのか？

もちろん儲けるためということは当たり前ですが、儲かれば何でもいいというわけではありません。

僕はじっくりと腰を据えて、これら3つのテーマについて本気で考えてみることにしました。簡単に答えが出る質問ではありませんでしたから、来る日も来る日も、徹底的に考え抜きました。

そしてあるとき、ひとつの考えが頭の中でまとまります。

僕は自分にとって馴染み深い湘南という街を舞台に、この仕事をはじめようとしている。つまり、自分の利益を地域全体の利益としていくことで、ブランドと自分自身の存在意義が明確になるのではないか?

自分が儲かれば、地域も儲かる。これをベースに考え続けるうち、やがて、自分のやるべきことや、事業の柱としての理念が見えてきました。

「車を通じて、かかわる人すべてをハッピーにしていく」。ズバリ、これが僕の事業の理念です。

このときはまだ「ハッピーカーズ®」という名称は決まっていませんでしたが、自然と「ハッピー」という言葉が頭に浮かんできました。

これはおそらく、僕がリクルートなどで広告制作にかかわっていた頃から、周囲のクリエイターさんたちに楽しく仕事をして欲しいという思いで働いていたことが、深く起因しているのかもしれません。

当時は、一緒に仕事をしてくれたクリエイターさんをはじめ、僕に仕事を発注してくれたクライアントなど、**周囲の人たちに「新佛と一緒に仕事をすると楽しいな」と思ってもらえることを、一番に考えて行動していました。**

その気持ちは、中古車買取り業になっても同じでした。かかわる人の範囲が広くなり、手がける仕事の内容が変わっても、「僕にかかわるすべての人が、みんな、ハッピーであるように」。

この思いは昔から何ひとつ変わらないこと、またそれが理念になっていることに、僕はようやく気づいたのです。

本質的なブランドづくりの重要性

このように理念を決めたのち、今度はブランドづくりをしました。

お客様は、自分が家族のように大事にしていた車を売るのですから、当然相手を吟味します。つまり「僕」が信頼に足るものであるかどうか、実によく見ているのです。

「なぜ、この仕事をするのか」という、僕自身の存在意義も含め、人生の本質的なところからやるべきことを考えました。

その結果、「世の中の人々から、信頼を得続けるブランドをつくろう」、それが巡り巡って、「地域の方々の利益になる」。そんな思いが胸に湧いてきました。

きっかけとなったのは、中古車の一括査定をはじめて以来、この業界の不透明さやお客様からの不信感などを、嫌というほど感じていたこと。同業者と会うことも多く、彼らと業界の話をすればするほど、中古車買取りの現場は問題の巣窟であることを実感しました。

それ以上に僕が問題だと感じていたのは、お客様と会話しているとき、言葉の端々から漏れ出る「業者への不信感」でした。「態度がなっていない」、「押し買いみたいなことされた」、「いくらで買うって言ってたのに、実際はそれより安い値段だった、嘘をつかれた」など、僕がお客様に買取りの話をもちかけても、ほかの業者に関するクレームから会話がはじまることが本当に多かったのです。

お客様は当然、1円でも高く買取ってくれる業者に車を売りたいと思っています。

しかし、単に値段の問題だけでは測れない、重要な要素を彼らは大事にしていました。

それは、「少々ほかより査定金額が安くても、信頼できる〝知り合い的な人〟に車を売りたいと思っている」ということ。


まずは、お客様の〝知り合い〟になろう。


それが、湘南というエリアに特化してビジネスをしている僕ならではのメリットだ。

この考えに基づき、僕はさまざまなツールを利用して、徹底的に情報を発信し続けました。メディアには、僕が湘南エリアを拠点に車の買取り業を行っていることや、すべての人がハッピーになるためにこの仕事をやっていること、そして、何よりもお客様との信頼関係を大事にしていて、困ったことがあったら何でも気軽に相談して欲しいことなどを流し続けました。

これには、かつてコピーライターとしていくつもの広告コピーを書いた経験が役立ちました。

そして、実際にお客様と商談するときは、駆け引きや探り合いをせずに、適正な買取り金額を正直に一発で提示することを意識する。

このやり方を徹底すれば、お客様も安心してハッピーな気分になり、僕も信頼を得られるのではないかと考えたのです。

以前、中古車輸出業をはじめたときは「グローバルに視野を広げること」に意識を向けていました。でも、買取り事業で目指したのは、クルマのことならどんなことでも気軽に相談できる「地元の専門家」になること。

その結果、その月は過去最高の売上を更新。1か月で10台以上、粗利も100万円以上出るようになりました。特に、僕が情報を更新し続けたブログから問い合わせを受け、訪問に至った場合は、かなりの確率で成約できたから驚きです。

フランチャイズで全国展開へ

ハッピーカーズ®はとても順調に進むようになりました。

地元密着のスタンスを続けていたら、お客様がどんどん知り合いを紹介してくださるようになったのです。

お客様に提示する金額は、これまで通り適正価格を忠実に守り、ときには高く買いすぎて損することもありましたが、お客様からの感謝の声は、ますます大きくなっていきました。

僕が単独ではじめた車買取りがうまくいっているのは、自宅兼事務所のマンションの一室ではじめたことに起因しています。

結局のところ、車買取りの肝の部分は、売却可能な相場以下で買取り、相場以上で売却する、という点に尽きるでしょう。すなわち広告宣伝費や人件費、販管費などの費用がかさむほど、その経費分を見込んだ粗利が必要となるのです。

その反面、僕のような個人営業だと、自宅兼事務所で、ほぼ経費がかかっていないので、最悪、損をしなければＯＫという判断ができ、結果、高く買取れる。つまり、価格競争力が高いということになります。

ひとつの会社として、従業員を抱え、規模を大きくしていくために広告費をかけ、国道沿いに大きな敷地の店舗を構えるとなると、その利点はなくなり、単なるよくある買取り店となってしまいます。**これは現実的ではありません。**

では、もっとスピード感をもって事業を拡大していくためにはどうればいいか？

答えは〝僕〟の量産化でした。今やっている僕自身の買取り業務をコピーさせること。

つまり、一ブランドとして同じ動き、同じツールを使って、同じ集客手法で、同じように販売し、換金していくこと。業務自体は非常にシンプルなものなので、再現性は極めて高い。

「フランチャイズをやろう！」。

僕はそう、決断しました。

僕自身は湘南にターゲットを絞って車買取りを行っていましたが、フランチャイズにして全国展開できるようになれば、当然、もっとたくさんのお客様にリーチができます。

いろいろな地域に「地元の専門家」が広がれば、「ハッピーの総量」は増える。

自分がゼロからしてきたことを、誰でも、明日から、同じ動きができるように。

早速、自分の動きを分析し、パッケージに落とし込む作業がはじまりました。

まさかの裏切り

こうして僕は、マンションの一室でゼロからはじめた出張クルマ買取事業を創業2年目にしてフランチャイズ化することにしました。

コストをかけない経営で、出張買取りに特化した、クルマ買取りハッピーカーズ®の誕生です。この時点で新たに各店舗を統括する運営本部として、新会社「株式会社ハッピーカーズ®」が誕生しました。

はっきり言って、中古車の買取りは誰でもできる仕事です。難しくありません。

特別、車に詳しくなくても、車に対してそこそこ興味があればOKですし、特に資格も要りません。一般のお客様が相手ですから、企業を相手にしたビジネスみたいに、面倒なことや形式ばったこともありません。正直なところ、お金さえ払えば、誰でも中古車を買い取ることはできます。

最初の加盟店は、当時中古車輸出業を営み、日頃から親交があった〝仲間のような人たち〟でした。

しかし、ここでとんでもない事件が起きます。仲間と信じていた部下に、裏切られていたのです。これまでに誰かに裏切られたことのなかった僕は、かなりのショックを受けました。

基本的にこれまで性善説で生きてきたので、実際に自分が裏切られるとは思ってもいなかったのです。当然、その部下と一緒にハッピーカーズ®を続けることはできず、彼を失うことになりました。

彼が原因で起こってしまった事実については、加盟店に対して僕が会社を代表して謝罪しました。

さらに、思わぬ事態が起きます。

彼は業務上、加盟店と日頃からやりとりをすることが多かったので、彼らと強いつながりをもっていました。

そんな彼が去ることが加盟店に伝わると、「彼を辞めさせようとしている」と、たちまち加盟店が僕を悪者として非難しはじめたのです。

「社長が売上を独り占めしようとしている」として、実際とは逆の噂が広がってしまうのでした。

噂は、一度広がってしまったらもう止めることができません。

加盟店の中で、商売が思ったほどうまくいっていなかった一部の人たちはもちろん、そこそこうまくいっていて「良い商売を紹介してくれてありがとう」と言っていた人たちまで、流れに乗せられて「うまくいかないのはお前のせいだ」と、途端に僕を責めはじめました。加盟店の中にはどさくさに紛れて「金返せ！」と言ってきた人もいましたし、毎晩ＳＮＳに誹謗中傷を書き込まれたりしました。

それに対して、僕は一切弁解をしませんでした。

というのも僕は創業者であり、代表者であり、株主であり、すべての責任は僕にあることを自覚していたからです。

ハッピーカーズ®の内部で起こったことはすべて僕の責任なのです。

裏切り行為が発覚後、僕が行ったことは、そういったことが今後起きないような仕組みづくりやルールづくりでした。

そして、この騒動をきっかけに加盟店数１００店規模を視野に入れた、それに対応できる体制づくりにも着手しました。

加盟店にとって、より利益を出しやすくしていくためのシステムを考えることが必要だと考えた僕は、大手中古車買取り企業と同じプラットフォームを利用。集客から顧客管理、営業まで一貫して行えるという大規模なシステムの導入に向けてひとりで尽力しました。

同時に、本部が集客し、加盟店に査定依頼の情報を紹介する「本部紹介サービス」を本格稼働させるために、お金と時間を使っていきました。

そんな中、騒動は一向に収まらず、次々と櫛の歯が欠けていくように加盟店は辞めていきました。その大規模システムの運用がはじまる頃には、当初は10社以上いた加盟店も、100店を目指すどころか、あっという間にほとんどいなくなってしまいました。

最後には、スタートしたばかりの「本部紹介サービス」を利用し、その情報のおかげで1台で100万円以上の利益を獲得できた加盟店すら、「ありがとうございました」と言い残してさっさと去っていきました。

やがて、加盟店はほとんどいなくなりました。

ハッピーカーズ®を立ち上げて、いよいよ軌道に乗り出すかという、設立から2年目の出来事でした。

ゼロからのV字回復

加盟店がほとんど辞めてしまったので、加盟店からの月会費もまったく入ってきません。

収入はゼロでも、ランニングコストだけはこれまで通りにかかっていき、さらに導入したばかりの100店規模を見据えたシステムにかかる費用も莫大でした。

「本部紹介サービス」の案件をせっかく獲得できても、その地方に査定に行ってくれる加盟店もいないので、加盟店のために行っていた集客への投資回収もままなりません。当然、資金繰りも苦しくなってしまいました。僕自身の給料はもちろん、僕を信じて一緒についてきてくれた役員の報酬の支払いもできません。

「しばらくの間これで我慢してくれ」と、わずかばかりの報酬を謝りながら渡すと、

「ハッピーカーズ®の可能性を考えれば、こんなことはどうってことありませんよ、一緒に乗り越えていきましょう」と、逆に励まされて涙したこともありました。

幸い、その頃は僕自身も、本部運営と並行してハッピーカーズ®湘南店として車買取りもやっていたので、最低限食べていく分くらいの収入はあったのですが、僕も所詮ただの人間なので、精神的になかなかキツい時期であったことはいうまでもありません。

しかしそれでも、**僕には「ハッピーカーズ®の考え方やビジネスモデルは絶対に間違っていない」という自信がありましたし、僕自身、「道にはずれたことはしていない」という確信もありました。**

さらに、「ハッピーカーズ®に出会うことさえできれば、成功できる可能性を秘めた人たちも大勢いる。僕がここで諦めれば、彼らからチャンスを奪うことになってしまう」という使命感もありました。

僕は、何よりハッピーカーズ®のポテンシャルを信じていたのです。

まだ、僕はアクセルを踏める――。こうした裏切り行為が起きたのは、一体何がいけなかったのか、立ち止まってじっくり考えてみることにしました。

理念に共感した人を仲間に

浮かんできたのは、仕事を共にする仲間選び、ビジネスとして〝きちんと吟味すべき〟ということでした。

車買取りのビジネススキーム自体は非常にシンプルで、誰にでも簡単にできるように感じていましたが、案外、コミュニケーション力や情報伝達力など、個人の力量により大きく左右されるのです。

しかも、すべての加盟店が同じパッケージを利用しても、売上や利益はもちろん、成長スピードまで加盟店間でも大きな差が出ます。

これらを踏まえて、ハッピーカーズ®の理念をしっかり理解して、ハッピーのサイクルを地域に循環させていくことができる人、そして、事業を最後までやり切れる決意をしっかりともった人をじっくり選ぶべきだと痛感しました。

このビジネスをはじめる前、大事なのは理念とブランドだと、足下はしっかり固めてきたつもりでした。でも、ビジネスは、「人」が行うもの。その肝心の「人」を選び、仲間を募る過程で、理念やブランドをみんなに理解してもらう努力が足りなかったのです。

僕は、「一緒にハッピーカーズ®をやるべき人」を再定義しようと決意します。

そしてビジネス誌にまた加盟店募集広告を掲載して、再び仲間を募りました。

新規加盟店向け説明会では、興味をもって説明会に参加してくれたすべての人と僕自身が一人ひとりとお会いしたうえで、じっくり話をするように心がけました。

せっかく強い加盟の意思をもっている方でも、ちょっと成功するには難しいかなという不安を感じた方には、残念ながら加盟をお断りすることも多くなりました。

新卒の就職試験に使用するSPIテストも加盟審査の際に導入しようかと考えたほどです。実際、相当な費用を使って説明会に来てもらった方たちの中でも、加盟を希望される方がいましたが、基準に達していない方はお断りしていました。

説明会に参加するには、事前にハッピーカーズ®の資料が読まれていることが前提です。

そして本気度を探りながら、何となく、「人生相談」のような感じで話を聞いていきます。「本当に独立して大丈夫ですか？」、「独立して何を実現したいんですか？」。説明会や面談を通じて、僕は、その人が、ハッピーカーズ®の事業を理解しているか、独立する心構えがあるか、コミュニケーション力があるかということをしっかりチェックしていきました。

徹底的に話し合い、パートナーとして共にハッピーカーズ®をつくっていけると確信できた方だけ、ハッピーカーズ®のフランチャイズ加盟店として看板を任せようと考えたのです。

適性の高いオーナーさんが集まれば、現状の問題点や課題などを共有してもらえますし、良いサイクルでハッピーカーズ®の仕組みをブラッシュアップしていけるだろうと思ったからです。

こうして慎重に仲間選びを行ううちに、ひとり、またひとりと加盟が決まっていき、気がつけば1年で10店規模にまで成長していました。

このとき加盟してくれた仲間はほとんどが契約を更新し、今でもハッピーカーズ®の中核として頑張ってくれています。**成績も良く、ハッピーカーズ®をつくってきたのは自分たちだという誇りをもって、自信と共に仕事をしています。**粗利で月に100万円以上はもちろん、200万円以上を叩き出す加盟店もいくつか出てきました。

翌年には、〝低リスクで、無店舗、小資本からでも案外うまくいく出張車買取りビジネス〟としてメディアにも取り上げられ、認知も広がったおかげで、新たに25人くらいが加盟店として参加。そして設立4年目にして、加盟店は70店舗を超えてきました。ハッピーカーズ®の理念に共感し、それぞれの地域でハッピーのサイクルを広げていこうという強い思いをもった仲間たちが、全国で活躍をはじめたのです。

「フランチャイズ」という働き方

一時は加盟店ゼロ、売上ゼロというところまで落ち込みましたが、ハッピーカーズ®はあと少しで加盟店数100店舗に手が届きそうなところまで大きく成長していました。

車を通じて、世の中にハッピーを提供していく。**徹底的に売り手の利益を追求することで、地域に貢献していきたい。**この思い一筋で、ハッピーカーズ®は順調に大きくなっていったのです。

ハッピーカーズ®のビジネスモデルの特徴は、いくつかありますが、一番の強みは、資金効率が大変優れているということです。極端な話、100万円の資金で、今日100万円の車を買取りしたとして、明日のオークションに出品すれば、最短でその翌々日には利益を上乗せして返ってきます。

これが在庫販売となるとそうはいきません。

100万円で車を仕入れ、広告を出し、客づけをして、商談、納車、入金となります。お客様からのオファーがなければ、1か月でも2か月でも資金は寝ます。この間、入金もないので身動きも取れません。

ハッピーカーズ®が出張車買取りに特化している理由は、3つあります。

ひとつ目は、無駄なことはしない。そして、無駄な背伸びはさせないということです。効率を追求し、自分の資産を中心とした、時間、人脈、経験までも含めたパーソナルリソースの価値を最大化させる。

オーナー自身がそうした判断を下すことができるので、それぞれの資金力に応じて、自分にぴったりなビジネスができるということです。

ふたつ目は、出張車買取りに特化することで、無店舗で開業可能、月々の運営コストが極めて低いという点。

加盟店が月額固定で支払うのは、毎月5万円の会費と相場システム利用料のみ。ただ、それだけです。

「クルマの買取り」と聞くと、買った車を置く場所を確保したり、店舗を構えたり……といったイメージをもつ人も多いでしょう。

しかしハッピーカーズ®は自宅を拠点に車を買取りできるだけでなく、買った車をほぼ毎日全国で開催されている中古車のオークション会場へ自分で、あるいは陸送で運ぶだけなので、売却までの間、車を自分で保管する必要はありません。

だから、駐車場代などもかかりませんし、もちろん、店舗を構える必要もありません。

3つ目は、スマホ1台から開業が可能という点。車の売却を希望するお客様のところに到着したら、スマホを立ち上げ、専用のアプリで査定するだけで査定金額を簡単に算出できます。

本部と直結の査定システムが加盟店をバックアップするので、そのほか余計なツールや専門的な機材は必要ありません。特別な知識がなくても、基本的に誰でもビジネスをはじめることができるのです。

まとめると、「低リスク」、「無店舗」、「無在庫」、「スマホ1台から」というのが、ハッピーカーズ®の特徴です。

また車1台を査定するのに必要な時間は15分程度。時間効率が良いのも、加盟店の方々にとってのメリットではないでしょうか。

ハッピーカーズ®のパッケージは自由度が高く、ある意味で「新しい働き方」の提案だと思っています。

しかも、地元に密着した商売ですから、例えば満員電車に揺られて都心へ通勤する必要もありませんし、余暇はたっぷり好きなように使えます。

もちろん休みの設定は自由。24時間営業を強制されるようなこともありません。

実際に家族との時間が増えた、趣味の時間が増えた、もちろん収入も増えたという声が、まったく異なる業界から参入してきた加盟店から多数寄せられています。

とにかく人と会えるオーナーは成功する

ハッピーカーズ®の加盟店システムは「無店舗、無在庫、スマホ1台」からはじめられるという気軽さもあり、副業としてはじめる人も増えています。

その背景には、ライフスタイルの多様化や、働き方改革など、ここ数年で日本に現れた変化も影響しているのでしょう。

もちろん「会社を辞めて、これ一本で頑張ります！」、「専業で頑張って、毎月100万円稼ぎます！」、「人生の大逆転を狙います！」という脱サラ組の人もいます。

僕はそういう人と面接をするとき、事業の説明の前に、独立、開業するにあたっての心構えとリスクについてお話しします。

言葉は正しくないかもしれませんが、サラリーマンの気持ちのまま、転職気分で独立開業に臨むと、おそらく失敗するでしょう。

誰かが何かをやってくれるはず、指示してくれなかった、教えてくれなかった、こんなはずじゃなかったなど、こういった言葉を独立後につぶやいたとしても、誰も助けてはくれないのですから。

なので「本当に大丈夫ですか?」としつこいくらい確認します。

「大丈夫ですか」という言葉には、さまざまな状況に対する覚悟ができていますかという意味も含まれています。中には自信とやる気に溢れていて、「大丈夫です!やり方が完璧にイメージできているので」と答える人もいますが、そういう人には開業に向けて特に注意してヒアリングを行っています。

頭の中でイメージができているということは、逆を言えば、それ以外のやり方は頭の中から抜け落ちてしまっている恐れがあるからです。

車買取りは人と折衝する仕事ですから、予想外のことも頻繁に起こります。思い通りにいかないことも、少なくありません。

そのようなとき、柔軟な姿勢で臨機応変に対応することがとても大事になってきます。

あっさり「もうだめだ」と諦めてしまう前に、常に想定外の事態に対応できるように頭と体を柔らかくしておくようにアドバイスしています。

車買取り事業で他社との大きな差別化ポイントは、もちろんブランド力もそうですが、金額はともかく、とにかく自分自身です。

仕事のスキームはシンプルです。あとは言葉は悪いですが、**とにかくバカになって人と会っていける人なら、きっとうまくいくはずです。**

正直、多大な経費をかけて10万部のチラシをまくよりも、毎日10人と会うほうが、結果が出やすいのがこの商売の特徴です。

車についてそれほど深い知識がなくても、査定の際に徹底的にお客様の利益を追求する思いで人と接することさえできれば、のちに、結果として利益はついてきます。また、案外お客様のためにと、思いきって高く買取りしていると、損もしないから不思議なものです。

儲かっている加盟店オーナーは本部に相談しまくる！

公式に約束しているわけではありませんが、私をはじめフランチャイズの本部は基本的に昼夜問わず、いつでも加盟店オーナーからの相談に対応しています。

当然、毎日相当な数の相談が寄せられるのですが、おもしろいことに、気軽に連絡をくれるのは決まって儲かっているオーナー。

彼らは「こんなに電話したら迷惑かな」「しつこいと本部に嫌われるかな」なんて遠慮をまったくしません。もちろん、これは褒め言葉です。

おそらく、彼らは目標を明確に掲げ、それに向かってベストを尽くしているのでしょう。**積極的であればあるほど、疑問の数も増える。そして相談すればするほど、新たなノウハウが身につく。**

どんな職業にも共通する、大切なことではないでしょうか。

究極の目標はみんながハッピーになること

僕自身、今でもクルマの買取りをすることがあります。

近所の西友で買い物をしていると、「新佛くん、ちょっと車見てよ」と気軽に声をかけていただくこともよくあります。未だにご近所の方から気軽に声をかけてもらえるのも、**ハッピーカーズ®をはじめたばかりの頃から、同じスタイルで一貫してお客様の利益を考えているからだと思います。**

あるとき、僕が車を査定しに行くと、「最初に高い金額を提示しておいて、いざ契約となると、『その金額は出せません』と言われ、泣く泣く最初に提示された金額よりも安く売却させられたんです」という相談を受けました。

どこか欠陥はないかという目で愛車を隅々までなめ回すように見回された挙句、ことここが思ったより悪いと言われて査定額を下げられるのは、やっぱり気分が悪いですよね。残念ながら、未だにこういう業者もいるようです。

最初にあり得ないくらい高い金額を提示して他社を断らせておいて、実際には強引に安く買い叩くという行為を、業界では〝ふかし行為〞と呼んでいます。未だにこれを行っているところもあると聞きますが、まっとうに取引を行っている業者からすると本当に信じられない話です。

ハッピーカーズ®を立ち上げたのも、実際に僕自身が嫌な思いを経験したから。業界を変えていきたいという意思はそこから生まれました。

誰もが適正価格で車を売却でき、決して損をしない。売り手と買い手の対等な関係を実現する。そんなビジョンが見えたからこそ、僕は「クルマ買取りハッピーカーズ®」を立ち上げ、中古車買取り事業に参入したのです。

また、とにかく目先の利益だけを見ている人は、状況にかかわらず、利益が確実に見込める査定額を一方的に提示しがちです。

やはりある程度の柔軟性をもったうえで価格提示しないと、例え一時的に利益を上げることができても、長期に見れば競合にも勝てないどころか、リピーターがつかないので〝焼き畑農業〞的な営業となり、日々の集客に苦しむことになります。

クルマ買取り事業とは、お客様が不要になった車を買取って、お金を支払う商売です。ほかの業者より高値で購入したら、ますますお客様は喜んでくれます。**お客様にペコペコと頭を下げるのではなく、むしろ、お客様から「高く買取っていただき、ありがとうございます」と感謝される仕事です。**

このような商売は、ほかにはあまりないでしょう。

日本全国、あらゆる地域で、車の売買を通して、たくさんの人を巻き込んでいくことで、ハッピーカーズ®が大きな信頼を獲得することができたなら、お客様はもちろん、私たちもハッピーになれる。

クルマ買取りハッピーカーズ®は、そんな考え方から誕生した、新しいカタチの出張車買取り専門ブランドなのです。

第２章

大失敗から学んだ、逆転の発想

「身のほどを知る」ことは、自分の可能性を低く見積もることではない。誰にも負けない強みを引き出し、可能性を最大化させることである。

大失敗を恐れるな。大失敗は大成功への近道である。失敗したら、あらゆる発想を逆転させてみよう。

自分の「理念」は何か？　自分は何を成し遂げたいのか？　存在意義を見出し、使命を意識して継続していくことが自らの価値を高める。

第3章

ビジネス成功の原点は〝何もしないこと〟

経営者は常に利益を生むことを考える

中古車買取り店は、基本的に買取りした車をどこかへ販売することによって利益を得ます。

例えばオークションであったり、あるいは整備して直接顧客へ販売することもあるでしょう。車を買取って成約したら、契約後いよいよ引取りです。

さて、「オークションで高く売るために、ぴかぴかに磨くぞ！」と額に汗を流して洗車するオーナーをよく見かけます。

以前は私もやっていました。いや、実に気持ちがいいんです、これが。

何より、ぴかぴかになった車、それも苦労して買取った車を眺めながら飲むビールは格別で、頑張って働いたことを実感できるからたまりません。

しかし、ビールがおいしく感じるのは単なる錯覚。

断言しますが、車買取り店のオーナーとして独立した経営者が、自分で洗車してはいけません。

近所のガソリンスタンドでは、手洗いで泡ムートン洗車を完璧にやってくれます。金額はたったの2600円。カローラでもポルシェでも2600円です。

さらに、プロが専門の機材を用いて作業してくれるので効率も非常に良く、わずか30分足らずでタイヤハウスからアルミホイールのスポークの隅々までぴかぴかになります。

つまり、オーナーが半日かけて磨いたところで、わずか2600円程度の節約にしかならず、それどころかたった2600円の支出を惜しんで、**本来自分が考えるべき経営戦略や、人と会う時間を奪われていては本末転倒です。**

だから儲かっている買取り店オーナーは洗車をしないのです。

仮に、月に100万円の利益を出すと考えた場合、月20日稼働すると1日5万円を獲得しなければなりません。半日で25000円です。つまり、自分で洗車している時点でもはや目標を放棄しているといえるでしょう。

自分が生むべき利益の金額やそれに費やすべき時間を把握することは、経営者にとって最低限必要なこと。最初は何もしないことに抵抗を覚え、自分を安心させるために何から何までひとりで行おうとするかもしれません。

しかし、オーナーの仕事はそれだけではありません。

どんな事業でも、経営者は自分で手を動かすことは極力せずにスタッフか外注に任せ、もっと大きな利益を生む方法を考える。あるいは人と会うことに専念すべきだと僕は考えています。

おもしろいことに加盟店を見渡してみると、月に100万円以上の利益を出しているオーナーで、自ら洗車している方はひとりもいません。理由を聞いてみると「そんな暇ありませんよ」と皆口を揃えて言います。

もちろん例外もあり、ある加盟店オーナーさんはあえて洗車をすることで利益を10倍にできると言います。彼は、納屋などで放置されて室内がカビだらけの車を、ほんの数万円くらいで引き取ってきます。

プロが見ても解体屋さん行きは確実で、引き取りの手間賃くらい利益が出ればいいかなと考えるような車です。

彼のすごいところは、それを隅々まで洗車し、徹底的に磨き込むことによってオークションで相場以上の価格で売ること。**「普通やらないでしょ」と誰もが思うような車でも、自分の手で磨き上げることで、利益につなげる。**

1日洗車して10万円以上も利益が出せるなら、洗車もありですよね。なぜそんなに磨き上げられるのか聞いてみたところ、「愛があるからこそできる」とのことでした。

〝何もしない〟ダメな人間が、なぜ成功できるのか？

僕は営業マン、広告デザインの仕事を経て、〝クルマ買取りハッピーカーズ®〟をスタートしました。

今、ハッピーカーズは創業5年目にして70店舗以上の加盟店を抱えるフランチャイズ店となり、周囲からも「毎日、お仕事頑張ってらっしゃいますね」、「働きすぎじゃないの？」と言われることも少なくありません。

僕は決して勤勉でも、マジメでも、働きすぎでもありません。

実際はその逆で、面倒くさいことが大嫌いで、時間も労力も少しでも省略したいと思うタイプです。でも、むしろ僕が究極の〝何もしない〟人間だからこそ、今、こうしてフランチャイズを経営していられるのかもしれません。

根っからの〝何もしない〟ダメ人間である僕が、なぜ、ビジネスで成功することができたのか。仲の良い先輩経営者たちによると、**「〝何もしない〟ってことは、周囲を巻き込むのが上手ってことなんだよ」**と、ありがたいのかどうなのかよくわからないお言葉をいただきました。

「周囲を巻き込むのが上手だから」というよりも、むしろ、「当たり前に自分より優れた能力をもつ人に仕事を任せていったら自分でやることがなくなっていく」といったほうが正確かもしれません。

広告デザイン会社を立ち上げたときなんて、まさにそのいい例です。リクルートの仕事が中心だった頃、最初はディレクターとしてプロジェクトを統括していましたが、そのうち、自分でコピーを書くようになりましたし、デザイナーもやりました。

しかしながら結局自分が企画して、自分で手を動かして制作したところで、自分が本当に納得するようなものはつくれませんでした。

本当はひとつの仕事からもっともっと仕掛けられることがあり、可能性を広げていけるはずなのに、ひとりでやっていると全然広がらない。

それを思いきって、ディレクションの役割だけに注力し、コピーやデザインは各々のプロに任せることでチーム全体の能力が高まっていきました。

自分自身も楽しみながら、周りの価値を最大化させること。それが僕のゴールでした。

おもしろい仕事は暇な時間から生まれる

しばらく経験を積んでいくうちに任されるクライアントも大きくなっていきました。当然、ひとりで抱えきれる規模ではなくなってきます。

さらに企画次第ではいくらでも仕事を大きくすることができました。

予算も大きく提案できるので、結構優秀なクリエイターたちとチームを組むことが多くなりました。

もちろん、ディレクターはただ人に仕事を振るだけが、役割ではありません。クライアントと金額を交渉したり、その仕事に適したコピーライターやデザイナーをアサインしたり、彼らとギャラの折衝をしたり、仕事をスケジューリングしたり、品質を管理したり、やらなければならないことはたくさんあります。

しかし、僕には細かな作業をコツコツと職人的に続けることより、むしろ、全体を俯瞰で見て、業務をコントロールしながら良いものをつくっていく、というやり方が向いていたのだと思います。

空いている時間は自分の好きなように使えるし、誰にも邪魔されることはありません。

そうした空き時間に街を歩き、新しい発見をし、それが斬新な企画につながっていく。

そして、**そこで得た発想がクライアント獲得につながり、おもしろい仕事をクリエイターたちに振っていく。**

だからこそ僕は、優秀なチームとのつながりを大事にしました。そして僕が尊敬する職人的クリエイターたちには、相応の、というよりも、相応以上の報酬を支払うようにしました。

自分の実力を認め、それに相応しい報酬を支払ってくれた人には誰だって親しみを感じるものです。

こっちが相手に対して敬意を払い、ちゃんとした報酬を支払えば、向こうも「期待に応えよう」として、普段以上に頑張ってくれる。

新しい物事は考え事から生まれてきます。しかし、仕事をしていると、働いているということに脳が捉われてしまいます。

このような状態では、新しいことを生み出すことは難しいのです。

わざと暇な時間をつくる。忙しいときこそ、あえて暇な時間をつくる。その時間に頭を切り替えるとともに新しい物事を考える癖をつける。

広告をやっていたときは、本屋や劇場、美術館へ行ったり、とにかくよく好きなところに足を運びました。

そういうことをやらないと、頭の切り替えもできなければ、クリエイティブな発想も得られなかったかも知れません。

今思えばハッピーカーズ®におけるクリエイティブかつ、新しい挑戦もこの時間から生まれています。

いつも、おもしろいことを見つける努力。そしてインプットを意識して、暇にする時間をあえてつくること。おもしろいことはいつだって、こうした時間に生まれてきました。

目標をしっかりとロックする

「今の自分に満足している」と答えられる人は、一体、どれくらいいるのでしょうか。収入も、仕事での評価も、家庭も、友人関係も、すべてにおいて完璧に満足している人は、きっとあまり多くないだろうと、僕は思います。

「もっと仕事で良い結果を出したい」、「理想のパートナーに出会いたい」、「もっとお金を稼いで人生楽しく暮らしたい」など、さまざまな欲求を感じている人が、大半ではないでしょうか。

実は、**そうした素直な欲求が自分を成長させる原動力になると考えます。**

例えば「もっと金持ちになりたい！」という世俗的な願望でも構いません。

目標を定めて、実現している自分をしっかりとイメージする。自分自身に対する〝刷り込み〟が具体的であればあるほど、効果的です。

というのも人は、イメージした目標に向かって進化していく、あるいは、変化していくように動き始めるものだからです。

つまり、常に変化していくことを恐れず、目標をロックして挑んでいけば、自ずとステップアップしていくといっても過言ではありません。

思い描くほど、現実をひき寄せる

不思議な話をしましょう。まだ僕が20代の駆け出しだった頃、出版社でエディトリアルデザイナーとして、下積みをしていた時期のことです。

青山の骨董通りに昔から〝ＳＭＯＫＹ〟というレストランがありました。

ある日、その脇に路上駐車したポルシェカレラからツイードのジャケットを着た紳士が降りてきました。その景色があまりに素敵で映画のワンシーンのように、一瞬にして僕の脳裏にビジュアルとして焼きついたのです。

当時、平日の昼下がりの青山骨董通りには、本当に〝一流〟といわれる人々が普通に歩いていました。

そのポルシェの紳士が、一体何をしていたのか今となってはわかりませんが、当時の僕にはやたら格好良かったのです。僕もいつか素敵な紳士として誰かの印象に残るような人になりたい。そう思ったのを覚えています。

そして先日、愛車のポルシェカレラを路上に停めて振り返ってみると、あのときの素晴らしい景色と重なりました。たまたま僕はツイードのジャケットを着ていたのですが、**無意識のうちに、人は自分がイメージした通り、なりたい自分になっていくものだ**と、あれから20年後、自分もアラフィフになってあらためて実感しました。

客観的に見て素敵な紳士かどうかは甚だ疑問ではありますが……。

やっぱり勘違い野郎ほどビッグになる

リクルートに務めていた時代、僕は上司をはじめに先輩や同僚、そしてときに後輩までもが、どんどんビッグな存在になっていく様子を見てきました。「あ、この人は将来ビッグになるな」というのは、何となく直感でわかるものです。

人並外れた才能があるとか、コミュニケーション能力が高いとか、他人より素晴らしい能力があるのはもちろんのこと、**「ビッグになるな」と周囲に予感させる人は、多くの場合、大きな夢を堂々と口にしていることに気がつきました。**

ビジネスなどでよく聞く言葉に「アファメーション」というものがあります。

アファメーションには断言、確言、肯定、(宣誓に代わる)確約という意味があるみたいです。一般的に〝ある言葉を唱えることで自分を変える方法〟という認識をされている方が多いのではないかと思います。

言葉、思考において「自分自身へ語りかけることで、理想の自分へ書き換えていく技術」ともいわれています。

「ビックマウス」ではありませんが、単純に「俺はビッグになる」「将来成功する」とアファメーションし、ビジュアライゼーションすることが重要といわれています。

「ビジュアライゼーション」とは、理想的な未来の自分をイメージすることです。

逆にいえば、〝理想的な未来の自分をリアルにイメージしたいからアファメーションという言葉を使っている〟といえるわけです。

「人間は勘違いに比例してビッグになっていく」。これまで経験した様々な出来事を通して、僕はつくづく実感しました。

「俺はこういうことができる人間だ。だから、絶対に、成功しないはずがない」。

そういう勘違いが、「成功」という未来をひき寄せるのです。裏づけなんか、要りません。

世の中の素晴らしき勘違い野郎を僕はたくさん見てきました。不思議なことに彼らはみんな、普通の人ならまず無理だと思うようなことを、自らの手で実現して手に入れているのです。

僕自身も、立派な勘違い野郎のひとりです。

まったくの未経験から広告業界に入り込み、さらに中古車ビジネスという未知の世界に参入して、単身アフリカへ乗り込んだのはいいけれど、結局何をやってもうまくいかず、散々な思いで日本へ帰ってきたときでさえ、「もっとやれる。まだ大丈夫」と思っていました。

「うまくいかない、どうしよう」と立ち止まっている暇はなかったのですから。やるしかない状態です。当時は結婚して子どももふたりいましたし、仕事がうまくいかないからといっても、毎月、お金はどんどん出ていくわけです。

最低でも毎月100万円、生活費にかかっていたとしましょう。そうでしたら、どんなことをしてでも、僕がそのお金を稼がなければならないのです。

ハードルの高い目標でも、目的やステップを明確にすることで、「あとちょっとで100万円に届くかも?」、「案外、目標クリアできそうだな」、「お、今月クリアしちゃう」と徐々に実現されていくから不思議です。そこには、打算も損得もありません。

ただ、「目標をクリアしていく」という純粋な気持ちしかないのです。

僕にとってはこれが結構楽しい作業で、余計なことを考えず徹底してバカになりきり、「きっとできる」と勘違いして楽しんでいく。ときには周囲に大ボラを吹いていると思われながら、我が道をいくこともあるかもしれません。でも、それでいいのです。

そうした勘違いは溢れ出る自信となって、他者に伝わります。

自信が体中からみなぎる人にこそ周囲は信頼と期待を寄せるもの。そして必ずやり切ること。

その結果、新しいビジネスが生まれたり、会いたい人と会えたり、将来につながる機会が激増するのです。バカで結構。勘違い野郎で上等です。

可能性は、無限です。大事なことは、「未来をできるだけクリアにイメージして、目標をロックする」こと。これを身をもって学びました。

ひとつにこだわらなくてもいい

今でこそ、クルマ買取りハッピーカーズ®の代表を務め、70店舗あまりの加盟店数になりましたが、僕自身についていえば、突出した能力やスキルはほぼゼロ、というよりむしろ、他者より秀でた能力はありませんでした。

でも、どんな職業でも、半年か、せいぜい1年くらいその仕事を続けたら、そこそこのスキルが身につくだろうと思います。

集中して頑張れば、8割くらい、その仕事の技術を習得できるというのが、僕自身の経験から得た感覚です。寿司職人だって、大工さんだって、1年本気で頑張れば、ひと通りの技術は身につくでしょう。

でも、**「8割できます」では、一流になれない。一流のプロは常に「10割」を目指し続ける存在なのだろうと思います。**

例えば、お菓子づくりが上手な主婦の人がいたとして、自宅を改装してお菓子屋さんを開いたとします。それほど凝ったものはつくれないけれど、素材を活かした手作り感が売りで、そこそこおいしくて、繁盛している。

だけどそのお菓子屋さんは、長年名店で修行した一流のパティシエの店とは、決して横並びで語ることはできません。

人生すべてをお菓子作りに捧げ、基礎から修行を積み細部に渡るまで菓子づくりを学び、実践してきた一流のパティシエと、自宅ではじめた趣味の延長としてお菓子づくりをビジネスにした主婦とでは、そのお菓子の完成度という点では、まったく勝負にならないことは明白です。

ではビジネスとしてはどうでしょう？　その両者が同じ規模の店を出して、売上に圧倒的な差が出るかというと案外そうではないと僕は思います。

むしろ手作り感満載の近所のお菓子屋さんのほうが、圧倒的な実力を誇るパティシエより繁盛しているという事例は、たくさんあるように思えます。

確かに、職人根性やプロ魂は尊敬に値します。特に日本人は職人を尊敬したり、崇拝する傾向が強いので、職人ならではの熱意に感動することも多いでしょう。

しかし、**今のこの世の中、残り2割を埋めるために全力を注ぐのは、必ずしもすべての人にとって正しい選択なのか。**

多様化がキーワードになっている現在では、仕事もプライベートもどちらも大事にするライフスタイルを求める人が今後もどんどん増えていくだろうと思います。

そういう時代においては、「ひとつのことに全神経を集中する一球入魂」タイプよりも、むしろ、「8割できれば合格。残り2割を埋めることに集中するのではなく、ほかのことに時間をかけたほうが効率的」というタイプの人のほうが、世の中生きやすいのではないでしょうか。

実際に職人と呼ばれる人の数も減っている今の世の中、ひとつのことを極めていくということは時間的なリスクがものすごく高いように感じます。

無能さを認めることが可能性を広げる

事実、昨今は時代の変化が激しく、あっという間に培ってきた技術やスキルが無価値になるような時代です。**ひとつのことにこだわることが最大のリスクであることも認識しておかなくてはなりません。**

幸い僕の場合、最初から「自分は、無能である」ということに気がついていました。だから、「自分でひとつの仕事をこだわりながら続けていくよりも、自分よりも優秀な人がやったほうがクオリティが高いのであれば、遠慮せずにどんどんプロにお願いしよう」と、〝何もしない〟人間として人を巻き込んでいくほうが、自分には向いていると判断しました。そして結果的には、それが良かった。「自分は無能である」ということを踏まえて行動したからこそできたこと。自分に能力がないからこそ、自分以外のその道のプロに仕事を頼むことができたのです。そして、みんなに良い仕事をしてもらって、クライアントに喜ばれ、結果的にみんなの収入を上げることもできたのです。

いわば、**「無能とはスキル」であり、自分の無能さを認めることは、自分の可能性を広げることにつながるわけです。**

スタートは「あったらいいな」を探すこと

時々、「何か新しいことをはじめたい」、「独立開業をしたい」というような相談を受けることがあります。

そのような人は大抵、「新しいことをやりたいけれど、自分ひとりでできるのか不安」、「このままの生活を続けるのは嫌。かといって、自分にはゼロからビジネスを起こすような能力はない」と悩んでいます。そのようなとき、僕は決まってこう思います。「なんで、自分ひとりでゼロからやろうとするのか？」。

僕も中古車の買取り事業をはじめたときはまったくの素人で、ゼロからのスタートでした。周りに同じビジネスをしていた人が何人かいたので、彼らのやり方を何となく真似してみたり、「こんな感じかな?」と当たりをつけて、自分なりにセオリーをつくってみたり……。毎日が試行錯誤の連続でした。

実際のところ、「自分に足りないもの」や「自分がわからないこと」すら、わからないのです。

でも**少し仕事に慣れてくると、自分に必要なものが見えてきます。**「こんなものがあったらいいな」という要望も浮かんできます。そのように世の中を見渡すと、大抵の場合、欲しかったもののほとんどがすでに存在することに気がつきます。

おもしろいエピソードがあります。

Ｖａｒｉａｌ社の創設者、エジソン・コナー氏とパーカー・ボーネマン氏は、カリフォルニア州サンタバーバラで一緒にサーフィンをして育ちました。

サーフボードに柔軟性と強さを求めたふたり。コナーは偶然にもこの難題を解決するための知識を備えていました。

合成エンジニアである彼は、Varial社を経営する傍ら、SpaceXでロケット用の「高強度のプラスチックのような素材」の開発にかかわっていたのです。

彼はこの素材を起用することで、サーフボードに変革を与えました。

つまり重要なのは、常に「あったらいいな」を探し続けること。常識を疑うことが、イノベーションを起こしていくのです。

僕も中古車ビジネスをはじめたときは、実際に動きながら自分に必要なものを身近なところから集めていきました。

例えば中古車買取り事業に必要な専門のシステムなど、ゼロから自力でつくろうとすれば、相当な時間とコストがかかります。でも、世の中にはすでに自分がイメージするものに近しいシステムがあったりする。それであれば、それを活かさない手はありません。

すでにあるものを上手に利用していく。

今のハッピーカーズ®も、このような僕の現場での経験、開業時にひとりで悩み歩んできた歴史がベースとなっています。ハッピーカーズ®がなぜ、多くの事業主にローコストで、車買取りビジネスへの参入の機会を提供できるようになったかというと、経験を踏まえたうえで、常に最善の方法を考えているから実現できる、ということがまず挙げられます。

僕たちハッピーカーズ®は、常に僕たち自身が考え、現場で最も活用できる最適なモジュールを組み合わせ、それらを**常に新しいもので構成していくことで、加盟店にとっての価値の最大化を図っています。**

偉大なる発明は、すべて模倣から生まれる

今僕がやっていることも、「会社や組織」、世の中というフィールドで、「モジュール」というジグソーパズルのピースを拡げていくようなイメージです。そのようにピースを組み合わせることでパズルが無限に広がっていくプロセスこそ、会社の価値を生み出し、高めていくために必要な作業なのだろうと思っています。

今は世の中に必要なモジュールがたくさん存在しています。それらをどう組み合わ

せるか、というところでは、確かに知恵や経験がものをいうかも知れませんが、しかし、ゼロから自力でつくらなくてもいいのだと思えば、新しいビジネスをはじめることは、それほど難しいことではないと思えるでしょう。**この時代だからこそ、新しいビジネスを生み出すのに絶好のチャンスなのですから。**

頑張って起こしたビジネスがうまくいかず、資金がショートしてしまったら……。そう考えれば、会社を辞めて起業しようという気持ちが芽生えたとしても、「やっぱり自分には無理だな」と思い留まるのは当然かも知れません。

ローンや家族など守るものがあればたちまち怖くなって、「まあ、このまま会社に居続けて、そこその給料をもらって、安定していたほうがいいな」と、現状維持を選びたくなるのももっともです。安易な独立はお勧めしません。

それでも、独立開業を望むのであれば、まずは世の中を見渡して、すでにあるビジネスで、自分にできそうなことを見つけることからはじめてみるといいと思います。複数見つかれば、それらの組み合わせから大きなビジネスに発展するかも知れません。

「起業家」というと、アイディアに溢れていて、自分でゼロから組み立てる力をもっていて、能力も行動力もあり余っている人、というイメージをもつ方も多いのではないでしょうか。

確かに、世の中にはそうした起業家もいるでしょう。しかし、起業家の全員が溢れ出る能力をもち合わせているわけではありません。

「偉大なる発明は、すべて模倣から生まれる」という言葉がありますが、僕はまさに、これは真実だなと思います。

新しいビジネスを考えるときも、これと一緒だと思います。

確かに、会社をつくったり、ビジネスを起こしたりするには、お金がかかります。アイディアも必要ですし、自分ひとりでは賄い切れないかも知れません。

しかし、すべてのモジュールを自分でつくり上げる必要はなく、必要なものは都度必要なだけ入手していけばいいと考えたらどうでしょう?

そして、「すでにこんなサービスがあるけれど、これがもっとこうだったらいいのにな」というふうに、既存のものをベースに新しいものを考えていくことができたら?

「こんなものがあったらいいのに」というアイディアを起点にして、既存のものを組み合わせたり改良したりすることで新しいビジネスを生み出すのは、それほど難しいことではないと考えます。

「最低でも1000万円の資本がなければ、新しいビジネスを起こせない」といわれていたのは昔の話。現代なら、数万円程度でも、いやもっといえば、パソコンやスマホさえあれば、アイディア次第で利益を見込める会社をつくることができる時代。

未知の分野で独立開業に挑戦することも、案外難しいことではないのかも知れません。

第3章

ビジネス成功の原点は“何もしないこと”

不安を解消させるためだけに、無駄なことばかりするのはやめよう。経営者は常に利益を生むことに専念すべきである。

「働きすぎ＝偉い」という考えに従う必要はない。やりたいことだけをやるダメ人間と思われても、心身ともに幸せなら周りも幸せにできるし、だからこそみんなを巻き込める。

暇な時間は、おもしろい発想の源。暇な時間を仕事で埋めようとしない。本を読もう。ギャラリーに行こう。あえて暇な時間をつくること。

人は無意識のうちに「なりたい自分」に近づいていく。理想を追求して、できるだけ具体的に頭でイメージしよう。勘違い野郎と思われても、大きな夢ほど堂々と口にしていこう。

第4章

経営はサーフィンが原点

海との出会いが人生を変えた

人生、どこに転機が転がっているかわかりません。何が転機になるかも、たぶん死ぬまでわからないのではないでしょうか。

でも、僕の人生を俯瞰してみると、サーフィンとの出会いが、転機というか、少なくともひとつのターニングポイントになったように思います。サーフィンは、文字通り、波に乗るスポーツです。当然ながら、波がなければサーフィンはできません。

そしてこれは、仕事や人生にも共通しているといえるでしょう。

僕は1年中、波があればサーフィンをします。

冬でも湘南の海はそれほど水温が下がらないので、雨が降っても、雪が降っても、雷がゴロゴロと鳴らない限りは常に波の様子をチェックして、サーフィンできそうだと思ったら、すぐにボードを持って飛び出します。

サーフィンは子どもから大人まで（ときには犬なども！）楽しめるスポーツですが、実は、途中で離脱してしまう人も多いんです。

世界大会のような映像を見ると、みんな、いとも簡単に波に乗っていて、自分にもできそうだなと思ってしまいがちですが、実際にはひとりでやってもなかなか上達しないし、そもそもどこで練習すべきかもわからない。ひたすら波を追いかけて泳ぐだけの時間が長くて、疲れるし、お金もかかるし、結果、やめてしまうという話もよく聞きます。

また、例え海の前に住んでいたとしても、1日の中でサーフィンできるのはほんの数時間、コンディションによってはほんの数十分ということもあります。

サーフィンができる最適な波は、基本的に波の向きや強さ、地形によって常に変わるので、ほんの少し潮が上がっただけで、さっきまでパーフェクトな波だったのに、まったく急変してしまうなんてことも日常茶飯事。

基本的に波のない湘南のビーチはことさらデリケートで、海底に砂がついている場所を日々チェックして、なおかつ**潮の満ち引きを計算して予測しなければ、なかなか良い波にありつくことはできません。**

そして、そういう苦労を乗り越えた人だけが、本当のサーフィンの楽しさを知ることができるのです。一旦サーフィンの楽しさを知ることができたら、もう、その魅力から離れることはできないでしょう。

良い波の日もあれば、悪い波の日もある。

上手なサーファーは悪い波でも乗りこなすのが上手です。どんな環境にも、自分を合わせて、最高の演技ができるスキルが身についています。

「今日は波が悪いから」。湘南のサーファーでこんなことを言う人は実はあまり見かけません。基本的に良い波なんて都合良く来ないことをみんなよくわかっているのです。

上手なサーファーほど〝自然のリズム〟に柔軟に適応しながら、それぞれのスタイルでサーフィンを楽しんでいます。

環境のせいにしないで、自分自身をアジャストしていく。これは、人生や仕事にも共通することだと思います。波がない人生は、確かに穏やかで安定していて、ゆったりしているかも知れません。ドキドキ、ヒヤヒヤしたりすることもなく、何かに脅かされたりすることもなく、毎日、心穏やかに過ごすことができるでしょう。
しかし、**変化がなければ、進化することもありません。**

雨が降って新しくできた湖だって、新しい水が注ぎ込まなければどんどん濁り、やがて淀んでしまいます。それと同じように、僕は人生も適宜、新しい挑戦や変化を加えていかなければ停滞し、つまらないものになっていくと思います。

そういう「挑戦」や「変化」という人生の波にぶつかると、今までの安定した穏やかな生活が脅かされる恐怖から、一瞬居心地の悪い思いをするものですが、それを乗り越えることで僕らの人生はまた一段階、ステップを上がっていくのだろうと思います。

仕事でもプライベートでも、何だかうまくいかないなというとき、もがけばもがくほど沈み込んでいくという経験を何度もしてきました。

わかってはいるのにパニックに陥ってしまう。でもどうしようもないときは、あがいても仕方ないのです。そんなとき、僕はいつもと同じようにサーフィンをします。

結局、波が来ないと始まらないんです。人生もサーフィンも。

ビジネスとサーフィンが共通する理由

世の中の経営者といわれる人たちの中には、サーファーが意外に多いと聞きます。

米カリフォルニア州に本社を置くアウトドア衣料・用品メーカー「パタゴニア」の創業者イヴォン・シュイナード氏もそのひとり。

もちろんアメリカだけでなく、日本にもサーファー社長は多くて、多忙な合間をぬって、週2回、房総に通ってサーフィンをしたり、出張で海外へ行くたび、現地でサーフスポットを探したり、という社長もいます。

大抵、そういうサーファー社長に「あなたはなぜ、サーフィンをするのですか」と聞くと、口を揃えて**「サーフィンを通して周囲と融合する大切さを心身で知り、謙虚でいることができるようになった」とか、「シンプルに本質のみを追求する癖がつき、虚構に惑わされなくなった」**といった答えが返ってきます。

確かに、それも真実です。

でも僕は、ビジネスとサーフィンの共通点はほかにもあると思っています。

もっといえば、ビジネスだけにかかわらず、人生を丸ごと考えてもサーフィンとは共通するポイントが多いような気がするのです。

ベストポジションを選ぶ

サーフィンでは原則として、ひとつの波にひとりしか乗れません。

基本的に、一番良い場所にいる人が最優先。うまい人とそうではない人の違いは、「良い波の立つ場所にいられるかどうか」です。

よって、上手なサーファーは、まずは海に入る前に、浜辺から波の状態を観察します。

波の崩れ方はどうか、大きさはどうか、風向きはどうか、波と波の間隔はどうか。

波の崩れ方や大きさは、場所と時間によってまったく異なり、風向きによっても変わってきます。

だから**その時々でベストなポジションを選び、適宜、調整が必要なのです。**

あとはひたすらじっと待つだけ。

沖合のずっと先を眺め、良い波が来るのを待ちます。

いきなり海に入って、たまたま来た波に乗っていては、せっかくの良い波に乗れません。

じっくりと観察し、予測して、ベストな場所に自分自身をキープし続けることによって、これぞという波を掴むことができるのです。

僕は時々サーフィンの大会に出場しますが、大抵の大会は、旗で仕切られた規定のエリアの中で行われます。

選手が4人ずつ海に入り、それぞれ波に乗って技を競い合うわけですが、当然、同じ波は二度と来ません。演技時間は決まっていて、その時間の中で波に乗って、技を披露しなければならないのです。

「良い波が来なかったので、点の出る技が披露できませんでした」では通用しません。「あの選手のところには波が来たのに、自分のところには波が来ないとは、なんて不運なんだ」という言いわけも無意味なのです。

高い得点が出る可能性のある波の種類を見極め、その場所を予測し、じっくりと波を待ち、しかるべきタイミングで波が来たら、チャンスを逃さずそれに乗り、ベストな演技を披露して得点を獲得することを求められる競技なのです。

戦略における修正の必要性

自分の出番まであと1時間後。今の風の状態はこうで、今はここの場所がベストだけど、1時間後にはきっと風がこう変わり、潮の流れもこうなるだろう。

その場合は、今は良さそうに見える右側の波より、左側のほうが波の数は少ないけど、得点の出る可能性が高い波が来る。

こんな具合に、**綿密に戦略を立てて自分の順番を待っていても、いざ自分の順番になって海に入ってみると、予測が的はずれだったなんてことも多々あります。**

むしろ、客観的に海を眺めて予測したはずの読みが現実とずれていることは、そう珍しいことではありません。

そんなとき、自分を信じてその場所で波を待つのか。それとも、「やっぱりこっちだ」と微調整して、波を待つ場所を変えるのか。そのような戦略の修正も必要になってきます。

サーフィンの試合でのコンテストエリアのコンディションとビジネスにおけるマーケットは、極めて不安定要素が高く、未来の確実な予測が誰にもできないという共通点があります。

例えば、マーケティングで市場を研究したうえで、3年計画や5年計画、中長期計画などを立てて会社の未来を予測したとしても、かならずしもその通りにはいきません。むしろその通りにいくことは少なくて、随時、修正が必要になってきます。国際関係の変化や経済の動きなど、社会にはいつも潮目と呼べるようなタイミングがあって、運命の境目みたいなその瞬間をどう捉えるかによっても、ビジネスの流れは変わってきます。

良い経営者とは、そうした流れを正しく、的確に予測する能力に長けていることが前提で、**必要に応じて予測を軌道修正しながら、時代の潮流に乗っていくことができる**人ではないでしょうか。

サーフィンもビジネスも同じ。サーフィンが上手な人は、波を読むのが得意で、環境にうまく自分自身を合わせていきます。ビジネスの波も、海の波も、再現性はありません。目の前の波は、一度きり。もう、同じ波は訪れることがないのです。

一度決めたらテコでも離れない

「時代の変化や置かれた状況に応じて、柔軟に戦略を調整することが大切だ」ということと少々矛盾しているように思われるかも知れませんが、狙いを定めたらテコでも離れない強い信念も、サーファーに共通する特徴のひとつ。

荒波を前にしてもじっと耐える辛抱強さ、というべきでしょうか。

これはサーフィンやビジネスに限らず、何をするにも必要となる〝スキル〟ではないかと思います。

ハッピーカーズをはじめるにあたり、勝負するテリトリーを湘南に定めてから1か月ほどは、ひたすら「中古車を売りたい人がいたら紹介して欲しい」と友人に声をかける日々が続きました。

もちろんすぐにお客様が現れたわけではありません。

ときにはやり方を変えて、折り込みの広告をポスティングしたりもしましたが結果が出ず、それでも「湘南から手を引こう」とは一度たりとも考えたことはありませんでした。

徹底的に考え抜いた末の決断を簡単に諦めるなんて、ましてや結果が出る前からやめてしまうなんて、そんな生温い姿勢は通用しません。

「石の上にも3年」とはよく言ったものです。2〜3か月後には営業の効果が現れはじめ、1件、さらに1件と買取りの問い合わせが入るようになりました。

このときの達成感が、ほかに類を見ないものだったことはいうまでもありません。

目標が何であれ、自分の信じた場所にどっかりと腰を据えて、コツコツと努力を続けていれば報われる。「一度決めたらテコでも動かない」というサーフィンの精神が正しかったことを実感するとともに、ビジネスにおいてもそれが活かされていることに、改めて気づかされるのでした。

コミュニティを育て、居場所をつくる

それからもうひとつ。**コミュニティを育てて居場所をつくること**もサーフィンやビジネス、人生における共通点ではないでしょうか。サーフィンというと、自然を愛する人たちがおおらかに楽しむスポーツ、というイメージがあるかと思います。

確かにそんな一面もあるのですが、実は、ルールがたくさんあって、そのルールを知らないで海に入ると、極端なことをいえば追い出されてしまうこともあります。

どれだけサーフィンの技術が高くても、はじめての海へ行くのは結構緊張するもの。僕も湘南へ引っ越してきたばかりの頃は、まずは海へ入らず、ひたすら観察したものです。どういう人が、どのようにサーフィンをしているのかをひと通り観察してから海に入っていました。

なるべく邪魔をしないように、みんなのリズムを壊さないように溶け込んでいくことを意識すること。これはサーファーの間では常識です。たまに、肩で風を切るように海に入ってくる道場破りもいますが、それは論外です。

地道に、毎日、毎日、その場にいるみんなのリズムを壊さないように居続ける。そうするうちに、気がつけば周りの人に認めてもらえるようになるのです。すると自然に笑顔も増えていきます。いろいろな話ができるようになるとますます楽しい。

ハッピーカーズも、完全な地域密着型のビジネスで、それぞれの加盟店が目指すのは、車のことなら気軽に何でも相談できる専門家。地域でナンバーワンの相談役です。そのように地域の人たちに認めてもらうには、まずはその場所に居続けること。土地の歴史を学ぶこと。

そして相手を理解したうえで、自分の顔と名前を知ってもらうこと。

自分がどういう人で、どういうパーソナリティや経歴をもっていて、どのようにみんなの役に立つことができるるのか。**自分自身をじっくりと知ってもらうためには、まずはこちらが相手のことを理解することが**、営業の第一歩です。

そうやって自分の認知度を高めながら、じっくりと時間をかけて周囲の人とのコミュティを築いていくのは、本当にサーフィンとよく似ています。

決して焦らず時間をかけて、丁寧にコミュニティを育んでいくことがベースにあり、そのうえに信頼関係や仲間意識などを醸成させていくことがとても大切です。

それぞれが地元に根づいて、多くの方々に応援してもらいながら、何かのナンバーワンになっていく。

ハッピーカーズの仕事ともまさに一致することだと思います。

ハッピーカーズの加盟店のオーナーには、地域に根ざした「新しい働き方」を自由に実践してもらいたいし、店舗を構えるそれぞれの地域において、コミュニティのハブ的役割を果たして欲しいと思っています。

大切なのは、恐怖を飼いならしていくということ

正直なところ、フリーランスとして独立、そして会社を起業してからというもの毎日が不安と恐怖との闘いです。

例えば、今月はある程度の売上を確保できたけれども、来月はどうかわからない。もしかしたら突然売上が途絶えて、にっちもさっちもいかなくなるときが来るかも知

れない。そこそこの売上があった制作会社時代でさえ、受注が止まってしまう恐怖と闘っていましたし、従業員を何人か雇用していたときには、従業員が一斉に辞めてしまったらと考えると、ありえないとはわかっていても、それはそれで経営者にとっては恐怖のひとつでした。

儲かっていても儲かっていなくても、起業または独立開業して会社の傘に守られないで生きていくということは、当然毎日が恐怖との闘いです。

しかし、そうした不安は飼いならすしかありません。

「失敗したらどうしよう」とか、「お金が入ってこなかったらどうしよう」とか、ありとあらゆる不安がたくさん襲ってきたとしても、それにいちいち反応してビクビクしたのでは、不安はますます大きくなるだけです。

不安を抱えながら行動して、もろくなことはありません。

「ああ、自分はまた不安に襲われているな、大丈夫、大丈夫、結局、やるしかない」と、できる限り冷静に対応していく。

最近50歳を目前として、ようやくその恐怖の飼いならし方がわかってきたような気がしますが、きっとこれから何度でもさらなる巨大な恐怖に打ちひしがれることになるでしょう。

結局のところ自分が歩んできたことに対する自信、自らをどれだけ信頼できるかがこの恐怖を飼いならすことのポイントだと思います。

自分自身を鍛えながら、少しずつ壁に向かって挑戦し、自分自身をストレッチさせながら逆境に慣れていくこと。

これは独立開業する人なら絶対に避けて通れないプロセスだと断言します。

能力や実力がある優秀な経営者が起業後すぐにダメになってしまうというケースは少なくありません。そうです、恐怖は目には見えなくても決してあなどることができない強敵なのです。その恐怖を克服していく術をサーフィンは教えてくれました。

今、この瞬間を充実させる

人間が不安や心配を感じるときは、ほとんどの場合、未来について考えているときです。

まだ起きてもいない未来のことを想像し、「こうなったらどうしよう」、「怖い」などと不安に思う。いってみれば、それは無駄な時間でしかありません。

先のことを考えて不安や心配を抱えるのはあまりにももったいない。今、この瞬間が楽しく、充実していればいいじゃないですか。

目の前にあることに集中して、全力を尽くす。

例えそれが〝昼寝〟だとしても、全力で〝昼寝〟に打ち込む。常に、人生史上最高の〝昼寝〟を目指す。僕がこう考えるようになったきっかけは、2019年の夏、突然、脳梗塞で倒れたことでした。

まさか自分が脳梗塞になるなんて、誰も予想していなかったので、僕はもちろん、家族にとっても晴天の霹靂でした。

幸いにも命に別状はなく、何の後遺症もなく日常に復帰することができたからこそ、この経験は僕にとって大きな潮目になったと改めて実感しています。

闘病を経て、以前に増して、「やりたいことだけを、全力でやろう」という気持ちに拍車がかかりました。

いくら儲けても、過ぎ去った人生の時間は買い戻せない

「人生で最も価値があるものは〝時間〟である」。

これまで一度も考えたことがなかった時間の価値に気付かされたのも、いうまでもなく脳梗塞による闘病生活がきっかけでした。

「時は金なり」ということわざがありますが、例えどんなに成功している世界のビリオネアも、「20代をやり直したい」と願ったところで、またいくらお金を積んだところで、当時の時間を取り戻すことはできません。

皆さんの多くも、頭の中ではこれに共感していることでしょう。でも実際に、時間を犠牲にしてまでやるべきことが何であるか、立ち止まって考えたことはありますか？

若かった頃、僕は真剣に「時間なんてまだたっぷりある。やりたいことはあとに取っておこう」と考えていました。家族との時間はもちろん、ほかにもやりたいことはたくさんありましたが、それでも山積みになった書類を前にすると、どうしても仕事を優先させてしまう。

むしろ、それが当たり前のことになっていました。でも、時間は永遠に続くものではありません。**仕事も夢も目標も、一度時間が止まってしまったらもはや何の意味ももたないのです。**

死というものを生まれてはじめて身近に感じたとき、僕はもう一度「今優先すべきこと」をじっくり見つめ直しました。そう、かつて新卒だった僕が考えたのと同じように。

でも、このときばかりは答えが浮かびませんでした。愛する家族がいて、大好きな海の目の前に家があって、毎朝サーフィンができること。休日には家族とのんびり過ごしたり、気のおけない仲間たちとおいしい食事をいただけること。

これ以上に幸せなことって、あるでしょうか？　今ある幸せのほかに、何を求めればいいんでしょうか。

夕陽で赤く染まった海辺の空や、月明かりを反射してキラキラと輝く海。波の音、潮の香り――。**こうした日々の小さな幸せを感じる「時間」こそ、人生において優先すべきものではないかと思うのです。**

〝お金を儲けること〟だけがビジネスの目的か？

少々唐突かも知れませんが、アブラハム・マズローというアメリカの心理学者をご存知でしょうか。「人間は自己実現に向かって絶えず成長する」として、人間の欲求を5段階のピラミッドに表した人物です。（『マズロー心理学入門』中野明著／アルテ刊）

マズローによれば、人間がもつ欲求は5つの段階に分けられており、

第1段階：生理的欲求（生命を維持したい）

第2段階：安全欲求（身の安全を守りたい）
第3段階：社会的欲求（集団に属したい）
第4段階：承認欲求（他者から認められたい）
第5段階：そして自己実現の欲求（自分らしく生きたい）

の順に、ピラミッドの底辺から頂点までを構成しているといいます。

僕はマズローの研究者ではありませんし、彼の法則を延々と語るつもりもありません。ましてや、「僕は自己実現の欲求まで満たしました」なんて豪語する気も、もちろんありません。

それでもあえて「欲求5段階説」を紹介したのは、**「お金を儲けたい」という欲求がピラミッドのどの段階に位置するかを考えて欲しかったからです。**

人生においても、またビジネスにおいても、〝お金を儲けること〟だけを目標に掲げている人は少なくありません。もちろん僕も、アフリカで大失敗を経験した直後は、貯金が底をつきやしないかと不安でいっぱいでした。

でも、「利益を上げること」はビジネスにおける必要最低限のルールに過ぎません。目先の利益に走るよりも優先させるべきことは山ほどあります。

すなわち、何度も繰り返すようですが、**自分の信念はもとより、一緒に仕事をする仲間からの信頼や彼らの幸せは、お金で買うことはできないのです。**

ハッピーカーズの経営者として断言できることはただひとつ。「個人を超えて、仲間や社会のために貢献したい」という気持ちこそ、私たちがもつべき〝欲求〟ではないでしょうか。

人に嫌な思いをさせてまで金儲けに走らない

脳梗塞の闘病生活を経て、人生における優先順位が一層明確になりました。やりたいこととやりたくないことの境界線が、ますますはっきりしたのです。まずはこれからの未来がある子どもたちをはじめ、家族のために全力で生きること。また、人生で最も価値があるものは〝時間〟であることに気がつきました。

自分の時間を犠牲にしてまでやるべきこととは、一体何だろう。僕は何度も自問しました。まさに、サッカーでいうアディショナルタイムを全力で走っている感覚。

死ぬまで正しく一生懸命生きたいという気持ちも芽生え、仕事は嫌々やるものではないとも思いました。


嫌な仕事のために限りある自分の時間を使いたくないということです。


仕事とは、利益を上げることがマストのルールのひとつですが、そのルールの中でどれだけ楽しめるかは誰にとっても重要なテーマです。

誰かを操作して、人を嫌な気持ちにして、自分だけ儲けるという考え方もあるし、そういうことをやってる人もいっぱいいます。

しかし、私はそのやり方には同意できず、脳梗塞後には、さらにその気持ちが強くなりました。

稼ぐのであれば、全力で稼ぎたい。できることなら、相手や周りの人、そして自分も嫌な思いをせず、楽しく儲けていきたい。

みんなが儲かるうえに、自分も儲かるっていう仕組みが作れたらいいなという思いで仕事をしていたら、うまく回ってきているというのが実感です。

でもゆくゆくは、できるだけ早いうちに「金儲け」を卒業して、**世の中への貢献を自分的にどう具現化していくかに向けて残された時間を費やそうと考えています。**

そのためにはビジネスももっと発展させなくてはなりません。人間的にもまだまだ成長しなくてはいけません。

ビジネスではハッピーカーズを全力で発展させることで、世の中にハッピーをできるだけ多く提供していく。

もはやこれは私の残された人生における使命だと思っています。

第４章

経営はサーフィンが原点

人生、なにが転機になるかわからない。どんな逆境も、自分のスタイルを貫いてアジャストさせるだけで、好転する可能性を秘めている。失敗や苦労を乗り越えた人だけが、本当の楽しさを見出せる。

良い波も悪い波も、波が来なければサーフィンははじまらない。人生だって、変化がなければ進化もない。一度きりの波、一度きりの出会いをモノにできるかは「予測」「戦略」「調整」にある。

コミュニティづくりは「観察」から。まずは相手のことを理解して、相手のリズムを尊重しよう。それができてはじめて、自分の役割や居場所が見えてくる。

不安や恐怖は「飼いならす」もの。自らをどれだけ信頼できるか？この瞬間をいかに楽しめるか？が問われる。

第5章

仕事とは、生き方の表現である

「どう働くか」で幸せ度が決まる

人生の中で、仕事が占める割合は相当なものです。

一般的な会社員の場合、人生の総時間のうち約3割を仕事に充てているといわれています。残り7割で、家族と過ごしたり、プライベートを楽しんだり、食事したり、眠ったり、休んだりしているわけです。

人生の総時間の3割は仕事だけにどっぷり集中しているのですから、そう考えると、**仕事がどれだけ楽しく、満足できているかによって、人生の充実度が決まるといっても過言ではありません。**

それまで大病をしたことはありませんでしたが、いきなり脳梗塞になって、生死の境目を彷徨ってから、僕は健康に気を遣い、仕事の仕方も見直すようになりました。

朝食は毎日、フレッシュなサラダ。それから、オレンジやバナナ、りんご、いちご、ブルーベリーなどの果物とヨーグルトにミューズリーやグラノラ。季節によってはキウイや洋ナシ、マンゴーを加えます。

朝食を食べたら、愛犬をつれて海まで散歩。波の状態を確認して、「これはサーフィンができそうだな」と思ったら、すぐにボードを取ってきて海に入ります。

その時間、海に行けば誰かしらサーフィン仲間がいるので、「今日の波はなかなかだね」など会話したり、情報交換をしたりします。

波がなさそうなら、部屋に戻って読書をしたり、勉強をしたり……。

サーフィンをしたときは、だいたい朝9時までには自宅へ戻り、シャワーを浴びてから仕事です。僕の場合、こんなふうに朝9時くらいまでにその日やるべきことは終えています。

最近は、「ワークライフバランスを大事にしよう」と、仕事とプライベートをきっちり分けて余暇を楽しむ人が多くいます。

それはそれで最高なのですが、**プライベートが仕事に侵食される恐れがあると考えると、それ自体が結構ストレスになる**のではと思うのですが、どうでしょう。

案外、仕事とプライベートの境目をなくして、どちらも同じ自分の人生の切り離せない一部として考えると、**よりストレスを感じずに人生を楽しめるような気がします。**

日常も、仕事も、サーフィンも、すべて連続した時間の中で、シームレスにつながっていく感覚。

「人生をかけて没頭できる仕事とは」を徹底的に考えた若い頃に、勘違いしてデザイナーとして自分の一生を捧げようと誓ったあの日から、僕のプライベートと仕事の境界はなくなりました。

仕事をしている自分も、プライベートの時間を過ごしているときも、自分は自分なのですから。しかしながらある程度の節度をもってやらないと会社では怒られますよね。何ごとにもケジメは大事です。

感覚値を大切にする

環境をつくるということは、人間にとって、とても大事なこと。

考え方ひとつで人生ガラッと変わるものです。

「その環境に身を置いたら自然とそれがやりたくなる」というような環境をつくることが、幸せに生きるために必要なのではないかなと僕は考えます。

毎日サーフィンできるのも、大好きな海を見ながらストレスなく仕事ができるのも、夜には家族と楽しく過ごせるのも、自分がやりたいことの優先順位を明確にしたうえで、住む場所も仕事場も自ら選択しているからです。

最近、リモートワークとか、働き方改革とか、働き方についていろいろな意見が聞かれます。

でも一番大事なことは、自分が「どこで」、「どのように」過ごしたいか、しっかり自分の意思で考えること。

周りの意見やブームに流されることなく、自分の頭で、自分がどのような暮らしをして、どのような仕事をしていきたいかを考えて、それに合わせた環境に根を張ることが重要だと思うのです。

車買取りビジネスも、やはり感覚値がものをいいます。

もちろん、最新のツールやAIを駆使して日々の業務は行っていますが、基本的に、売り手と買い手が一対一で向かい合う人と人とのビジネスです。

車を査定する場合、オーソドックスな車種であれば、ほぼその場で一般的な買取り店が提示する金額はわかります。これはどの業者も同じです。

でも、買取り店10社が同じ車に同じ条件を提示したとしても、実際に成約に至るのはたったの1社。ここにこの車買取りビジネスのおもしろさがあります。

もちろん、AIやツールに任せておけば、大損することはありません。しかし選ばれる1社、そのひとりになるには、感覚値がものをいいます。

これまでの人生で培ったあらゆる経験とスキルを駆使して、選ばれるひとりになっていく。そして、一人ひとりのお客様と本音で話せるようになっていき、同じ地域でビジネスを超えて、だんだん良い関係になっていく経験から得られる感覚。

単純に、車を売買するだけの仕事ではないところが、車買取りビジネスの醍醐味です。この大好きな車買取りビジネスという仕事を、仲間と一緒に続けられることを、とても幸せだと思っています。

まさに、仕事とは人生の象徴であり、生き方の表現でもあると思うのです。

誰にでもいつでも別の人生の可能性がある

大好きな湘南の街で暮らし、仕事場もここ。時々、打合せや会議があっても、大抵湘南で済ませられるし、満員電車に揺られて東京へ行くことなど、ほとんどありません。

僕は何といっても人混みが大の苦手で、混雑率が100％を超えた電車に乗らなくていいというだけで、地元で行う車買取りの仕事が天職のように思います。

人間にとっては、満員電車に揺られるというだけでなく、通勤に長い時間をかけなければならないというのも、大きなストレスになります。

もちろん、「会社を辞めて田舎に引っ越そう」、「起業して、通勤地獄から自由になろう」など、人に勧めたいわけではありません。

もしかしたら、通勤電車が好きな人もいるかも知れないし、みんなが起業して会社員生活から逃れたいわけじゃないかも知れません。

だけど、「会社員じゃない人生の可能性もある」ということ、そして、「その可能性は決して特別な才能がある一部の人にだけ開かれているわけではなく、誰にでもそういう人生を送れるチャンスがある」ということは、知っておいても損はありません。

僕は昔から、あまり社会の仕組みに馴染まず、独立独歩の人生を歩んできました。人生のところどころで仲間との出会いもあり、家族にも恵まれ、決して孤独な人生ではなかったと思いますが、とにかく常識に捉われず、自分の意思を貫くタイプであることはまず間違いありません。そのため、ずっと若い頃からいずれは起業したいと思っていました。

自分なりの生き方をビジネスで表現していくことで、世の中に少しでも価値を提供していきたかったからです。

とはいえ、絶対に成功して一旗上げてやると意気込む必要はありません。そうした意気込みがなければ絶対に成功しない、と考える人が大半でしょう。

もちろんその心意気と腹をくくって新しいことに挑む気持ちは絶対に必要です。でも僕は、自分自身の経験から、それだけがすべてではないと学びました。

ビジネスの立ち上げ時は、スモールスタートでいい。身の丈にあった、無理のない目標を立てればいいと思っています。**無理がないから、継続していける。継続していけるから、確実にビジネスが上向きになっていく。**これは僕自身、たくさんの加盟店を見ながら、自分自身も身に染みて実感した経験則です。

ハッピーカーズFC加盟店　オーナーの声

【名刺の裏にメッセージ。お客様を思うからこその〝ひと工夫〟】

ある時、本部からの紹介を受けてホンダS2000を査定買取りしました。

何度も足繁く訪問させていただいたのちに買取りが成立したので、私にとってはとても印象的な案件です。

はじめて訪問した際はお留守だったため、名刺を置いて帰りましたら、後日お電話をいただきました。

これは車の所有者の奥様からお伺いしたのですが、大体7社の買取り業者からチラシが入っていたみたいですが、名刺の裏にメッセージを書いていたのが私だけだったようで。

奥様がご主人に「この方だったら信用できそう」と言ってくださったそうです。

その後、無事査定買取が成立しました。

（ハッピーカーズ 京都木津店 青木オーナー）

【フランチャイズのイメージは最悪！ それでもハッピーカーズに加盟を決めた理由】

正直、フランチャイズにはまったく興味がありませんでした。

むしろ加盟するのではなく、自分で起こす側でいたかったのですが。今までいろんなことを自分ひとりでやってきましたが、なかなか成功しませんでした。

そこで、「人生の中で、一度は既存のビジネスモデルに乗っかってみる必要もあるかもしれない」という思いが芽生えたんです。

僕はそれまで、フランチャイズをすごく毛嫌いしていました。

理由は単純で、フランチャイズに対して否定的なことを言う人が周りに多かったから。

ただ、私みたいな異業種からの参入は、ジャンプ台となるきっかけが必要だと感じたため、フランチャイズの仕組みを使って、活動の場を作らなければ絶対に成功しないと思い、参入を決めました。

参入後はさまざまな経験から多くのことを学びましたが、競争の激しい業界の中で自分なりのスタイルを構築することが非常に大事だと改めて実感しました。
お客様に喜ばれ、地元に貢献できる仕事というのはあまりありません。だからこそ、誠実な気持ちをもった人たちが活躍できるんじゃないかと思うのです。
ぜひ、皆さん一緒に頑張りましょう！

（ハッピーカーズ 田園調布店 大田オーナー）

【毎月開催される加盟店オンラインミーティングとは？ 本部の思い】

車の買取りを通じて、世の中をハッピーにしていく。
お客様みんなのために、という理念追求していくうえで、「そのために何をするべきなのか」など自分ひとりで考えてもわからないようなことをみんなで一緒に考えながら、今日の行動、明日の行動に移していける会議を行なっています。

だから情報共有はもちろんのこと、加盟店の皆さんがインプットできる場でもあるし、アウトプットする場でもあります。

ぜひ、実りある会議にしていきましょう。

（ハッピーカーズFC本部　田中健之）

「何をやるか」より「誰と」「どうやるか」

理念と、ノウハウと、情報を共有する加盟店集団。その結束が、ハッピーカーズの一番の強みだと思っています。

前述した部下のトラブルによって加盟店のほとんどいなくなりそうになったとき、ある新しく加盟されたオーナーが、辞めていく加盟店の嘘にそそのかされて「こんな商売デタラメだよ」「儲かるわけないよ」みたいな誹謗中傷をブログに公開したことがありました。

僕は、そのブログの存在すら知りませんでしたが、新規の加盟店の方が「新佛さん、これちょっと見てみて」と教えてくれました。

見ると、そこにはひどいことが書いてありました。しかも、ありもしないことばかり。ほかの周りの加盟店の方からも「新佛さん、こんなの書かれているけどいいの?」と心配の声をかけられました。

誹謗中傷の行為はブログではおさまらず、全加盟店に「新佛社長に騙されてはいけない」というようなメールが送られるほどまでエスカレートしていきました。

すると、**ある加盟店のオーナーの方から、「新佛さん、俺黙ってたけど、その加盟店にちょっと連絡して、お前いい加減にしろと言ってやったから」と連絡がきました。**

また、他の加盟店のオーナーからは、このようなことを言われました。

「僕らは僕らでちゃんと利益も出てるし、ハッピーカーズブランドに誇りをもってやってるのに……。こんな名誉を毀損するようなことをされたら、うちらとしても黙っておけないから。逆にこっちから訴えてやろうか」。

そして、「自分たちのブランドを毀損された」と主張するたくさんの加盟店の声がどんどん増えてきました。

そのとき、みんなわかってくれてるんだと思うと同時に言葉にできない喜びを感じました。

何より加盟店オーナー全員ががハッピーカーズ®のブランドに誇りをもち、ハッピーカーズ®を自分のことのように大事に考えていることがわかり、最高にうれしかったです。

そんな仲間たちの気持ちに心を動かされたのか、誹謗中傷を書き込んでいたオーナーはハッピーカーズ®加盟店オーナー全員に対して謝罪文を書き、ブログは閉鎖。おかげさまで一件落着できました。

結局、仕事とは「何をやるか」よりも、「誰」と「どうやるか」ではないかなと思うのです。

僕は、ハッピーカーズの理念とブランドは大事にしています。

でも、単なる中古車買取り業という枠にしがみつくことはしない。

時代の流れに乗り、ハッピーカーズという理念で結びついたこの結束が必要とされるところがあったら、僕らはいつでも出かける準備はしておきたい。

そうした柔軟性が、今のこの世の中で、とても価値のあることなのではないかと思うのです。

第５章

仕事とは、生き方の表現である

仕事をしている時間もプライベートの時間も。結局はどちらも「自分」で、切っても切り離せない人生の大切な一部。仕事もプライベートもシームレスに楽しむことが、人生の幸せ度を決める。

環境ひとつで考え方は１８０度変わる。どこで、どのように過ごしたいか？　誰とどう仕事がしたいか？「選ばれるひと」になるために、自らの価値を最大限に引き出せる環境を自分の感覚で見極めて構築しよう。

「別の人生」の可能性は、誰にでもいつでも開かれている。今の働き方に固執する必要はないし、ビジネスを成功させようと無理に意気込む必要もない。自分なりの生き方を表現できる「仕事」は必ずある。

エピローグ

「幸せな働き方」とは?

実際のところ一生という限られた、しかも、いつ終わりが訪れるかもわからない時間の中で、やるべきことが多すぎて、やりたくないことをやっている余裕など僕にはありません。

やるべきことを優先順位にしたがって、ひとつずつこなしていくだけでも精一杯です。

こうやって改めて、僕のこれまでの人生を振り返ってみると、まだ50年くらいしか生きていませんが、脈絡がないというか、やりたい放題の人生だなと思いました。

むしろ、やるなと言われたことだけを選んでやってきたような気がします。

本当に非常識でごめんなさいという感じなのですが、僕自身でさえそのように思う次第ですから、僕という人間をほとんど知らない方にとってはなおさらそう思われることでしょう。

しかし、こうして振り返ってみて、はっきりしたことがあります。

それは、「僕は、好き勝手に生きることに、意外と一生懸命」ということです。

僕は一度死にかけた身であり、さらに、もはやこの歳になると「派手に儲けてやりたいことやろうぜ！」という感じより、「できるだけ静かに家族と一緒に過ごしたり、大好きな海の前にずっといたいな」というのが本音です。実は、ある程度ビジネスをやりきったら仙人のように雪山に籠って、ああ幸せだったなあとひっそりと死んでいきたいと願っていたりもします。

でも今はまだまだ、お客様と会って「ありがとう」と感謝される瞬間はもちろん、何といっても加盟店のオーナーの方々が頑張って成功していく過程を、一緒になって並走していくことが一番の幸せを感じられる瞬間です。

説明会のときは、現職の悩みや将来への不安から、この世の終わりのような顔をしていたのに、ハッピーカーズに入ってビジネスがうまくいくに比例して表情がどんどん豊かになって、話し方から服装まで変わっていく。

ハッピーカーズ®に加盟して、見違えるように本当にキラキラしてくる人をたくさん見てきました。

そんな加盟店のみんなの成功への素晴らしい変化を応援していける仕事は本当に最高です。

これまでの人生好き勝手やってきましたが、今この仕事に携われて幸せだと感じています。

これまで一緒に過ごしてきてくれた家族や仲間、僕に車を託してくれたお客様、近所の人たち、それから、ハッピーカーズの理念に共感して、共に頑張ってくれるオーナーたち。みんなに大感謝です。

人生に行き詰ったときに、ひとりでマンションの一室で思いきってはじめた車買取りビジネス。みんなの小さいハッピーを応援してきたら、気がつけば今では結構大きなハッピーの輪に成長しました。

毎日の暮らしの中で、幸せを感じる瞬間があったら、その幸せをリレーのバトンのように、周りの人へ受け渡していく。

そうやって、幸せの循環が生まれていき、世の中をハッピーに変えていく。微力ながら、僕がその一翼を担うことができたら最高だなと思っています。

僕たちハッピーカーズは、〝地域へ価値を提供してくこと〟を明確なビジョンとして掲げています。

それぞれの地域で、車を売りたい人も、買いたい人も、そしてその人たちにかかわる人たちみんながハッピーになる。

それがやがて輪になって、たくさんの人を巻き込むくらいハッピーの循環を生み出すことができたら、僕たち自身も最高にハッピーになれる。

ハッピーカーズはそう考えています。

最初は、何のとりえもない僕がまったくの未経験からいきなり出張車買取りをはじめるという、いわば**無鉄砲な挑戦からスタートしたビジネスでしたが、今、確実にたくさんのハッピーを生み出しています。**

そして、たくさんのハッピーが大きなうねりとなって、それぞれの地域で根を張る加盟店を後押ししています。

何よりも理念や事業スタイルに共感して「ハッピーカーズが好きだ」と言ってくれるオーナーさんが増えてきているのはとてもうれしいし、ハッピーカーズを信頼して、大事な車をお任せしてくれるお客様がどんどん増えているのも、このうえない喜びです。

僕は、こうしたハッピーの循環を、もっと大きくしていきたいと思っています。

やがてそれが自分自身に返ってきて、もっと多くの花を咲かせるように。

こんなどうしようもない僕ですが、残り少ない人生を思いっきり好き勝手に一生懸命生きていくことで、世のため人のためになっていていくことができたら、これ以上求めるものは何もありません。

おわりに

中古車買取りビジネスの基本的なやり方をパッケージにして、本部というブレーン機能と独自のノウハウを加えることよって再現性をもたせ、安価に、個人事業主でも、法人でも、新規事業として参入しやすくした仕組みがクルマ買取りハッピーカーズ®フランチャイズシステムです。

このシステムのすべては、何もないところから車買取り事業をはじめたこれまでの僕自身の実際の体験から生まれました。そして加盟店をバックアップする主要メンバーも自ら車買取り事業を立ち上げてきた人間だけで構成されています。

ハッピーカーズ®が目指してしているのは、単なるブランド、ツールやサポートといったビジネスのカタチだけを提供することではなく、**人生、生き方にまで影響が及ぶような本質的な価値を提供していくことです。**

加盟店オーナーの利益、そして能力を最大化させていくことがハッピーカーズ®フランチャイズ本部の役割です。

ハッピーカーズ®がフランチャイズ業界でこれだけの加盟店に熱狂的に支持され続けている理由は、ここにあります。

それは、ハッピーカーズ®ならではの独自のノウハウ。これまでの概念に捉われない手法により、日々、私たち本部の人間はもちろん、現場で汗を流す多くの加盟店により強力にブラッシュアップされ続けています。

ここまで読んで、「良かった!」、「感動した!」、「すばらしい内容だった!」という方も、もしかすると一部いらっしゃるかもしれませんが、だからといって「よし、今からクルマの買取りをやろう!」というのは早計です。はじめての独立をお考えであればなおさらです。

まずは、**「本当に自分が求めているものは何か?」ということを自問自答したうえで、自分ひとりで答えを出してみることをお勧めします。**

目的は、お金でもいいし、時間でもいいし、尊敬されたいという気持ちでもいい。

そういった自分自身の飾らない欲望と忠実に向き合って、邪念を捨てたドロドロとした欲望のコアの部分をむき出しにした自分のエゴを見つめ直し、結果、すべて自分自身の責任のもとに決断し、未来を選択していくことが独立の第一歩だと思います。少なくとも僕はそう考えてきました。

なぜなら結局、最後に頼れるのは自分自身でしかないからです。

生き残るために、本能に従い、覚悟を決めることはときに必要です。誰かに相談したところで、最後は、誰のせいにできるものではありません。

僕自身これまで、妻にも家族にも、何か答えを求めたことはありません。うまくいっていてもいかなくても、明るく、楽しく、元気よく、すべてはあとの祭りの事後報告でオールオッケーを目指してきた結果、事業家としての今があります。

ひと昔前までは、独立するとなると結構な費用がかかることが当たり前でした。店舗型の中古車買取りのフランチャイズであれば、初期費用で1億円以上必要だった時代もあると聞いています。また、飲食店でも開業しようものなら、設備も入れると本当に何千万円も必要になるので、それこそ挑戦するには相当な勇気と覚悟が必要でした。

それが今では店舗型のフランチャイズでも1000万円以内で開業が可能な本部もある中、ハッピーカーズであればそれに比べても、わずかな初期費用で開業可能です。**はじめての独立開業に挑戦したいという方にとっては、できるだけ低リスクで参入できるように、非常に魅力的な価格設定としています。**

なぜなら、働き方がこれだけ多様化していく中、例えば、スタートアップ的起業も流行ってはいますが、一個人が挑戦するにはまだまだハードルが高い。とはいえ、飲食店などの店舗経営からはじめるというのも、未経験からだとリスクが高いというのも事実です。

それでは、配送や修理、清掃などの業務を請負う業務委託としての個人事業主はどうなのかというと、結局は労働集約型という点では従業員とあまり変わりません。

そのような起業・独立・開業という選択肢の中で、事業として何かをはじめたい、将来的には自分自身が経営者となり、ビジネスを大きくしていきたいと考える人に、ちょうどいい選択肢がなかったところにハッピーカーズの成長戦略がはまりました。

当時、創業期のハッピーカーズはブランド力を求めており、まずは全国展開の認知が不可欠でした。そのためそれを最も早く実現できる戦略としてハッピーカーズの出張型クルマ買取事業のフランチャイズ化に舵をきりました。

個人事業主がひとりで運営できるビジネスモデルをパッケージ化し、「クルマを通じて、かかわる人すべてをハッピーに」という理念のもと、ローリスク、ローコスト経営を実現させていきました。

未経験からはじめてたにもかかわらず収益を上げる加盟店オーナーが続出し、一気に50店規模に成長し、次第にクルマ買取りハッピーカーズ®は一般ユーザーに認知されていくようになり、その相乗効果でますます加盟を希望するオーナーは爆発的に増えてきました。

僕と同世代の第二次ベビーブーム世代はもちろん、新卒から還暦を迎える方まで、これまでにさまざまな経験をもった方が多数加盟されました。

中には思うように収益が上げられずに去っていった方もいましたが、自ら行動できる多くの加盟店オーナーより、「人生が変わった」、「大変だけどこんなおもしろい商売はない」、「好きなクルマに携われて最高」、「時間が自由になった」、「もっと早くやればよかった」、「サラリーマン時代より手取りが圧倒的に良くなった」、「車買取りを卒業してもっと大きいビジネスに挑戦する」といった本部冥利につきる言葉をいただけるようになりました。

僕たちが行っているフランチャイズ事業は、まさに、新しい時代の、新しい働き方の提案であり、新しい生き方の提案でもあります。

いくつになっても、可能性という資産は、無限にあるのです。

未来は、まだ僕らの手の中に。

2020年7月

鎌倉七里ガ浜オフィスにて、海を眺めながら。

株式会社ハッピーカーズ　代表取締役　新佛千治

新佛千治　年表

平成 8年	1996	メーカーで営業成績が全国第2位になり、脱サラしてハワイへ
平成10年	1998	心機一転、デザイナーを目指し上京
		グラフィックデザインを学びながら時給1000円で弁当配達のアルバイトに明け暮れる
平成11年	1999	月刊『広告批評』編集部入社。エディトリアルデザイナー兼広告学校運営を担当。多くの一流クリエイターに影響を受ける
平成13年	2001	リクルート入社。ディレクターとして求人広告の制作を担当する。同年、フリーランスとして独立
平成17年	2005	資本金300万円で有限会社として、青山に広告制作会社設立。順調に業績を伸ばす
平成19年	2007	資本金を1000万円に増資。株式会社へ変更、年商6000万円を超える。同じく青山の高層ビルにオフィスを移転
平成23年	2011	広告制作事業の業績が悪化。新規事業として中古車輸出ビジネスを開始。Tradecarview 加盟
平成25年	2013	アフリカ・モザンビークのパートナーと協業開始。現地へ何度か足を運ぶもパートナーに裏切られ、協業を中止
平成26年	2014	アフリカ・タンザニアの港町ダルエスサラームに現地法人を設立するも、軌道に乗らず中古車輸出ビジネスを断念
平成27年	2015	マンションの一室を借り、ひとりで車買取り事業を開始
		ハッピーカーズ® FC運営組織を設立
平成28年	2016	株式会社ハッピーカーズ® 設立
令和 元年	2019	脳梗塞で入院
		年商1億円達成
令和 2年	2020	車買取りFC加盟店全国70店達成

※2020年3月現在

【参考文献】

『ランチェスター思考　競争戦略の基礎』
（福田秀人著・ランチェスター戦略学会監修／東洋経済新報社刊）
『マズロー心理学入門―人間性心理学の源流を求めて』（中野　明著／アルテ刊）

プロデュース　水野俊哉
編集協力　菊地一浩
デザイン　鈴木大輔・江﨑輝海（ソウルデザイン）
ＤＴＰ　山部玲美
写真　getty images/John Seation Callahan（カバー・総扉）
石山慎治（オビ）

新佛 千治（しんぶつ　ちはる）
株式会社ハッピーカーズ　代表取締役

営業職としてメーカーに入社。落ちこぼれ営業マンから全国トップクラスの営業マンに成長するも、自分の可能性をもっと広げてみたいと、退社。大波に乗ることを目指してハワイへ。帰国後、新たにデザインの勉強をはじめ、広告業界に飛び込む。出版社にデザイナーとして入社し、のちに大手情報サービス会社で広告制作ディレクター、コピーライターとして実績を積み、2005年にはクリエイティブディレクターとして広告制作会社を立ち上げる。その後、外部要因に左右される経営環境を変えるべく、もうひとつ事業の柱をつくろうと中古車の輸出ビジネスを開始。海外への販売ルートの開拓を視野に、中古車の輸出先となるアフリカのタンザニアに現地法人を立ち上げる。しかし、治安の問題もあり短期間で撤退を決断。中古車輸出業から手を引く。その際の経験を活かし、日本国内において一般のお客様から中古車を仕入れて、オークションで販売する車買取り業者、株式会社ハッピーカーズが誕生。2015年の事業立ち上げからわずか4年で、全国に70以上の加盟店を展開する企業へと成長する。

■ハッピーカーズ HP
https://happycars.jp/

クルマ買取り ハッピーカーズ® 物語

2020年9月6日　初版第1刷発行

著　者／**新佛 千治**
発行者／**赤井 仁**
発行所／**ゴマブックス株式会社**
〒106-0032
東京都港区六本木3-16-26
ハリファクスビル8階

印刷・製本／**中央精版印刷株式会社**

ISBN978-4-8149-2219-2